室内设计表现档案
Interior Design Presentation Files

住宅样板 ·肆
Residential & Model

（第二辑）

丛书主编：董　君

本册主编：赵胜华

中国林业出版社

图书在版编目（ＣＩＰ）数据

室内设计表现档案. 第二辑. 住宅样板 / 董君主编. -- 北京：中国林业出版社, 2016.4

ISBN 978-7-5038-8451-1

Ⅰ.①室… Ⅱ.①董… Ⅲ.①住宅—室内装饰设计 Ⅳ.①TU238

中国版本图书馆CIP数据核字(2016)第057482号

室内设计表现档案 —— 住宅样板 （第2辑）

◎ **编委会成员名单**

丛书主编：董　君
本册主编：赵胜华
编写成员：董　君　赵胜华　石　芳　王　超　刘　杰　孙　宇　李一茹
　　　　　姜　琳　赵天一　李成伟　王琳琳　王为伟　李金斤　王明明
　　　　　王　博　徐　健

◎ 丛书策划：先锋文化
◎ 特别鸣谢：中国建筑装饰协会

中国林业出版社　·　建筑与家居出版分社

出版：中国林业出版社　（100009 北京西城区德内大街刘海胡同 7 号）
网址：www.cfph.com.cn
E-mail：cfphz@public.bta.net.cn
电话：（010）8314 3581
发行：新华书店
印刷：北京卡乐富印刷有限公司
版次：2016年5月第2版
印次：2016年9月第1次
开本：170mm×230mm　1/16
印张：14
字数：150千字
定价：99.00元

❹ CONTENTE

P4 . . . . .01/某欧式古典风格样板

P6 . . . . .02/上海国顺路9号

P10 .03/金地别墅

P12 . . . . .04/天垣精品公寓

P16 . . . . .05/上海百汇园样板间

P20 . . . . .06/淀山湖上海岛别墅

P24 . . . . .07/淀山湖上海岛庄园J户型

P30 . . . . .08/华府天地大复式

P34 . . . . .09/凌峰苑C区96A别墅

P36 .10/温州铂金湾

P38 . . . . .11/温州铂金湾样板房F户型

P42 . . . . .12/菱感

P48 .13/某欧式住宅

P52 . . . . .14/某欧式古典公寓

P56 . . . . .15/琨城帝景园1型别墅样板房

P60 . . . . .16/某地中海风格住宅

P66 . . . . .17/水蓝天岸16A样板房

P70 . . . . .18/金桐湾

P74 . . . . .19/阳光海岸样品房

P76 .20/现代中国风

P80 . . . . .21/某现代风格住宅

P82 . . . . .22/太湖美山庄73幢

P86 . . . . .23/金地湾样板

P88 . . . . .24/北京洋房

P92 . . . . .25/依云溪谷01栋样板房

P96 . . . . .26/珠海市华发世纪城别墅

P100 . . . . .27/简单奢华样板房

P102 . . . . .28/现代欧式复式样板间

P104 . . . . .29/汕头海岸明珠君庭

P110 . . . . .30/金叶岛国际花园别墅

P114 . . . . .31/翠苑小区

P116 . . . . .32/北京盘古七星公馆

P122 .33/龙珠山庄

P126 . . . . .34/宝地东花园C套型

P128 .35/联盟新城

P132 .36/黑色乐章

P136 . . . . .37/湖光山舍别墅

P142 . . . . .38/上海建德南郊别墅

P152 . . . . .39/某复式住宅设计

P154 .40/盛天熙园

P160 .41/盘龙大厦

P164 .42/明日星洲

P168 .43/蓝湖郡

P170 . . . . .44/抚顺上方 • 半山林溪别墅

P174 . . . . .45/现代古典住宅

P178 . . . . .46/武吉知马公寓

P182 . . . . .47/凯悦国际花园

P186 . . . . .48/【环趣】住宅空间

P190 . . . . . .49/The house国际花园188

P192 . . . . .50/重庆南湖郡别墅

P196 .51/融科天城

P198 . . . . .52/宝地东花园A2套型

P200 . . . . .53/某欧式别墅

P204 . . . . .54/上海国顺路17号

P206 .55/一莲幽梦

P208 . . . . .56/肇庆市星湖奥园样板房

P210 . . . . .57/檀宫样板房

P214 . . . . .58/启东市申港城

P218 . . . . .59/某现代中式住宅

P220 . . . . .60/某现代欧式住宅

D1_客厅；D2_卧室

01/ 某欧式古典风格样板

项目名称：某欧式古典风格样板
设计师：喻坤

　　本案中，在黑与白之间的无色系中玩味面与块的交错与变化，充分体现出一种现代的冷静。采用黑白色作为设计的主基调，再在黑白色空间中加入其他元素，局部的橙色和紫色点缀消除了空间的冰冷感，于现代中更注入时尚的敏锐，清爽干净中不失家居的温暖。

　　在空间处理上并没有严格界定功能分区，除了卧室、卫生间是私密的空间之外，半开敞的书房，让原本封闭的空间变得丰富起来，在材料的运用上不拘一格，瓷砖、大理石、玻璃……，各种材料的混搭营造出一个沉稳中不失灵动的家居。

D1_客厅；D2_餐厅

02/ 上海国顺路9号

项目名称： 上海国顺路9号精装修项目
设计师： 陶才兵

　　本案运用中、西方文化特性的融合，来诠释新古典主义的追寻达到了极至。同时与东方厚重的文脉元素完美契合，尽显豪门气节。"形散神聚"是本案的主要特点。本案在注重装饰效果的同时，用现代的手法和材质还原古典气质，新古典具备了古典与现代的双重审美效果，完美的结合也让人们在享受物质文明的同时得到了精神上的慰藉。

　　而新古典主义之雅韵在于传统回归的精髓，通过精心、细腻的雕琢，使空间更合理、尺度更人性、空间趋于完美。在体现客厅端庄、尊贵的同时，也从更深层次塑造了本案的艺术、经典和唯美的气质。力求体现一种"古典而时尚，高雅而通俗"的空间气质。用简化的手法、现代的材料和加工技术去追求传统式样的大致轮廓特点。用陈设品来增强历史文脉特色，往往会照搬古典设施、家具及陈设品来烘托室内环境气氛。

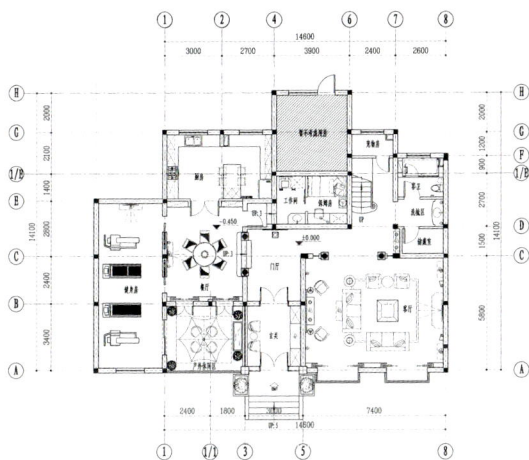

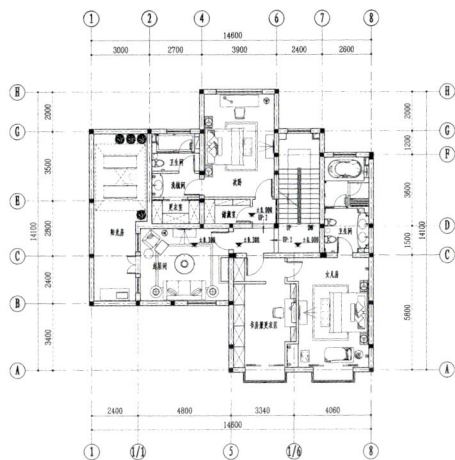

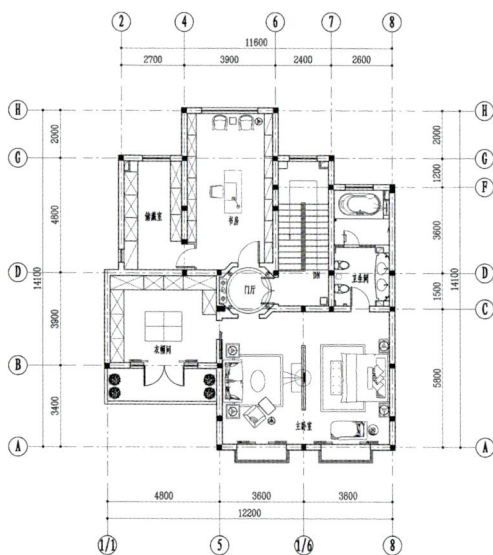

D3_主卧室；D4_卫生间；
D5_女儿房；D6_三楼书房

O3/ 金地别墅

项目名称： 金地九龙壁51901房
设计师： 林志勇

本户型为195平方米四室两厅，并拥有一个入户花园和一个大露台。业主是一对年轻的夫妇和两小孩。根据客户的使用情况，将原来的布局做出一系列的调整。

考虑到业主平时工作比较忙，压力大。所以在入户花园里做一个跌瀑水景，旁边放上休闲茶台，用少量的植物来点缀空间，而墙上主要以砂岩板做装饰，用最简单的材料和处理方式来凝造一个休闲的生态空间。将本来不大的厨房和餐厅连贯起来，使得内部空间比例更加协调、大器。客厅的电视背景及墙面，大面积地使用微晶石、白洞石材及灰镜作装饰。

卧室是一个修养生息的空间。主卧以暖色调为主，用提花墙纸来丰富空间的视觉效果，白色通花板作装饰，皮软包永远都会给人一种温暖而舒适的感觉。在使用功能布局上把原来两个房间贯通，把原来已经拥有的卧室、卫生间、衣帽间，增加多了一个阅读与工作的空间。而小孩房则用天真的蓝色配上斑马纹家具，使整个空间丰富而多彩，动与静共存。

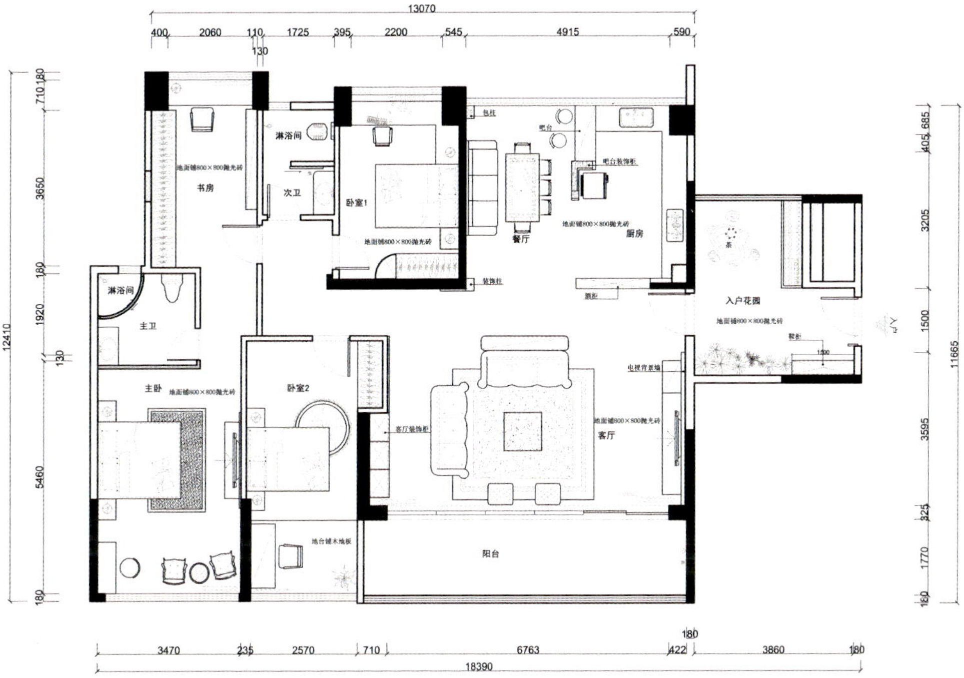
13070
400
2060
110
1725
395
2200
545
4915
590
130
书房
淋浴间
次卫
卧室1
餐厅
厨房
入户花园
淋浴间
主卫
主卧
卧室2
客厅
阳台
3470
235
2570
710
6763
422
3860
180
18390
12410
11665

04/ 天垣精品公寓

项目名称：山西天垣
项目地址：山西长治

　　公寓区的概念设计中，涵盖了精品公寓ABCD户型，公寓入口是电梯、大厅及居民健身活动中心，文化是生活方式的缩影，而住宅是生活方式的容器，住宅形式在某些程度上反映文化的特质。本案的对象主要面对企业内部员工，他们有实力，经济层次较高，高学历，且喜欢多元文化。他们期待新家有着情调又不失现代情趣，且有闲逸不闲散的氛围。

　　在公寓设计中，灵活多变的功能布局，搭配艺术装饰陈设的空间，简约现代主义、新中式、新古典主义，各种风格相互融入，满足了各种业主的需求。居民活动中心艺术墙体与时尚景观相应相称，满足了业主健身活动的需求。而其他的空间中，无不是以这个准则来构建文化的气息。不同的功能区域中，也强调了精品公寓空间形式要素的整体感，追求和谐、有机、共生的建筑环境，溶入当地地域特性和文化感。同时还加上现代的色彩元素，室内的光源设计也加入了不同的感情，以达到多变的视觉效果。公寓空间的设计，为客户群体提供了一个精彩的个人空间，这个精品公寓空间的设计，也是对原有建筑空间的完美诠释。

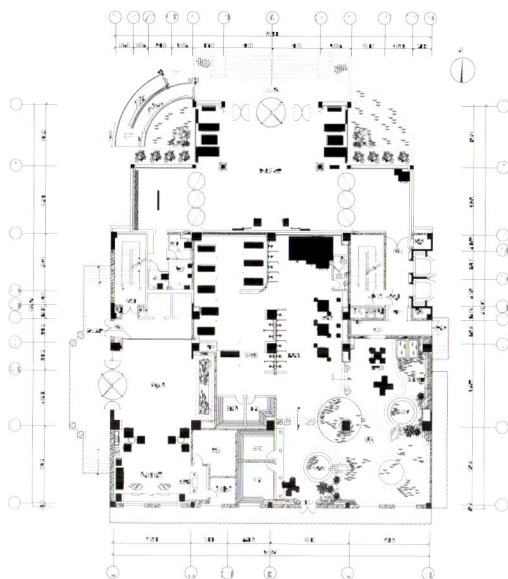

D1_客厅1；D2_客厅2；D3_客厅3

O5/ 上海百汇园样板间

项目名称：上海百汇园样板间
设计师：杨俊辉

　　在竞争激烈的地产行业中，吸引买家的样板间是重中之重，本案位于上海繁华地段，三个样板间，采用三种不同的新古典主题：白色简约欧式奢华、温馨艺术简约欧式、经典简约欧式，以此展示流行的新古典符号，体现公寓的奢华理念。

　　百汇园项目位于上海市徐汇区，东临黄浦江北靠龙华港，与2010年世博会场址隔江相望。社区地上总建筑面积38.47万m²，其中住宅建筑面积33.82万m²，布置在商业办公区西侧，共14幢高层住宅，包括12座住宅楼、两幢服务式公寓以及零售商业和办公楼。样板间设计工程造价每平方米约3000元。

D4_浴室；
D5_餐厅；
D6_卧室

D1_客厅1

o6/ 淀山湖上海岛别墅

项目名称：淀山湖上海岛别墅
设计师：席行千

　　淀山湖庄园坐落在风景秀丽的淀山湖畔，是江南水乡稀有的度假、休闲、居住的理想之所。别墅空间相对较大，除了满足居住功能之外，还体现休闲娱乐、健身、会客之间的合理分布，动静分离，辅助服务人员服务便捷等功能；勾兑情趣，表达文化品位，营造内敛而高贵的气质，反映或引导一种新的生活方式。

D3_餐厅;
D4_卧室

D1_中心泳池；D2_客厅

07/ 淀山湖上海岛庄园J户型

项目名称：淀山湖上海岛庄园J户型
设计师：洪登平

　　淀山湖上海岛庄园以稀有的生态意境为内涵，在建筑理念上汲取了欧洲古典建筑的精髓，同时契合东方人对私家府邸的审美，山水园林充分结合中西方的建筑理念，营造内敛而高贵的气质。辽阔领地、私密花园、珍稀湖景，淀山湖上海岛庄园全力打造淀山湖高端地产板块，中西合璧的意念完美演绎成功人士对庄园梦想的追逐。

　　室内设计师对甲方定位的人群细分后，力求打造出一个华美、品味独特、追求雍容华贵但不落入俗气的氛围，延续建筑外观表现出的欧洲古典建筑的美，用了后现代的一些手法，用新的形式感、质感重新定义了经典古典欧式造型传达出的内涵，尤其注重软装饰在空间中起到的定魂作用，精挑细选的图案、纹样更是让空间的细节之处层次丰富、耐人寻味！

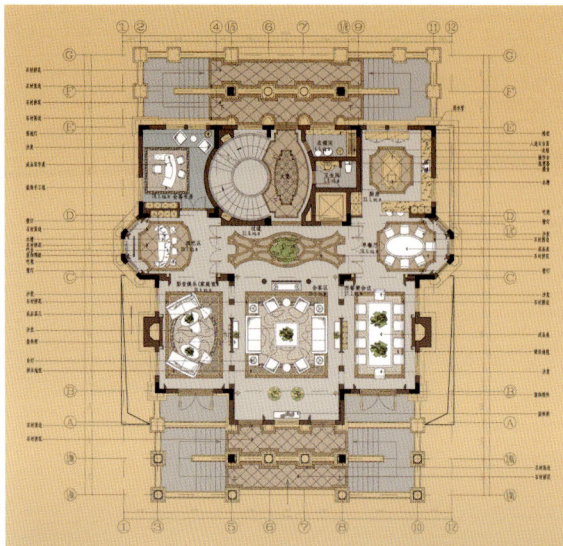

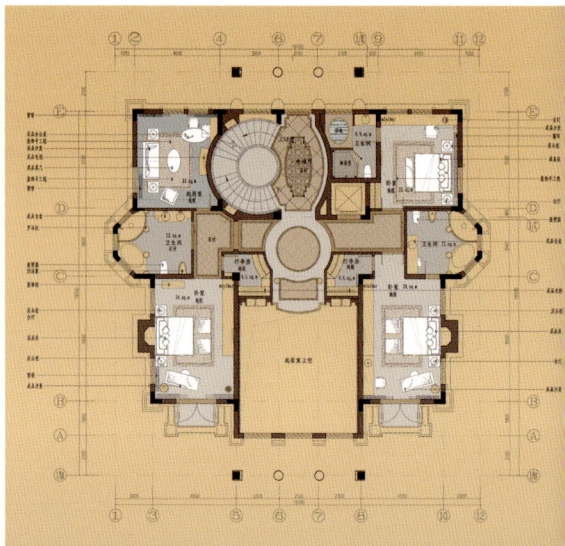

D3_门厅;
D4_吧台;
D5_餐厅;
D6_卧室

D7_卧室

D8_浴室

D1_客厅；D2_客厅吊顶；D3_餐厅

08/ 华府天地大复式

项目名称： 华府天地大复式
设计单位： 上海全筑建筑装饰工程有限公司

　　华府天地公寓由5幢小高层组成。东起马当路，南临自忠路，西靠淡水路，北至兴业路，上海新天地正对面，基地面积为14 651m²，总建筑面积达71 817m²。

　　华府天地顶层复式公寓属上海顶级公寓，装饰工程用于售楼处样板房，建筑面积900m²、造价565万元的室内设计和选材提升了豪宅的品质。内部设计提供了所有起居、休闲娱乐方面的服务，极尽生活所需，且对主人的私人生活几乎没有影响。商务会客和主人起居的功能被明确划分为两部分，容纳了主人的不同个性，功能的扩容是直接导致物业的增值效应。中西双厨、健身中心、私家KTV影音室、艺术长廊，内敛而丰富，尊贵、大气、典雅的内部装修注重体现豪宅生活品质，从容中透露出自然典雅的韵味，与绿意黯然的风情园林以及楼王品质的建筑相互辉映，营造出无比愉悦的情调，提升了华府豪宅的内在品质与精神。

D1_一层客厅

09/ 凌峰苑C区96A别墅

项目名称：凌峰苑C区96A别墅
项目地址：福建泉州

　　拱券和穹顶的花砖砌筑与大面积的原木雕刻是伊斯兰传统风格的鲜明特征，这种装饰手法恰到好处地运用在了水疗房中，营造了静谧、恬静、闲适的空间氛围，衬托出了浓厚的异域风情，这也正是本案最大的亮点。香樟饰面木框装饰的起居室与卧室不经意般地理顺了空间的肌理与节奏，展现出一幅田园、闲适的景象。客厅里黑色的地毯，白色的沙发，"仿钻"切割面造型的装饰墙在充足的采光下，给人以沉稳、大气的感觉。不论是空间分割、选材，还是装饰处理上，都力求提供给主人一种亲近自然的机会，一个放松身心的场所，一个精神雅居。

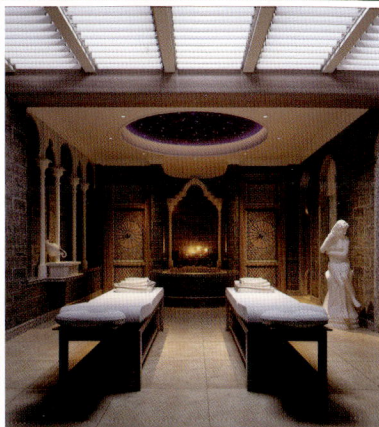

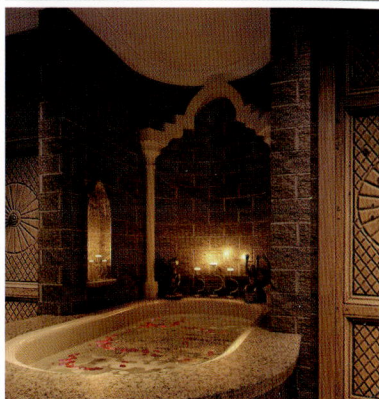

02_二层客厅；
03_二层卧室；
04_SPA室
05_三层主卧室；
06_浴室

D1_客厅；D2_餐厅；D3_次卧

10/ 温州铂金湾

项目名称： 温州铂金湾12#楼D户型
项目地址： 浙江温州

　　门厅区域因为一架楼梯的存在，空间上略显局促，我们通过墙面大面积的镜面处理，既开阔了空间感，同时又通过镜面对灯光的反射，提高了空间的明亮度，在心理上营造了"大空间"的概念。

　　客厅为两层挑高的空间，经典欧式的线条造型墙板大气、自然。电视背景以壁炉、石材及皮革硬包为主，与天棚的造型浑然一体，格调端庄大气。墙面的镜面处理，既拓展了整个客厅的空间感，又让客厅区域显得格外明亮。沙发区配以现代与经典法式家具及丰富雅致的摆件饰品，使空间颇有内涵与品位，地面点缀手工羊毛工艺地毯，轻化了空间氛围。

　　餐厅空间与客厅相融，墙面处理、顶面的线条、叠级造型延续了客厅的手法，追求整体感，家具的选择同样是经典法式造型，配以丰富精致的摆设，营造舒适的就餐环境。

　　主卧室是比较私密的空间，在满足功能的前提下，专门设置了单独的衣物收纳空间，但是功能上的简洁不代表形式上简单，因此我们在墙面处理、家具的选择、布艺软包的使用上，除了遵循经典法式的风格，又融入了现代的手法，达到了豪华又不失温馨的效果。

2F PLAN(平面图)

2F PLAN(平面图)

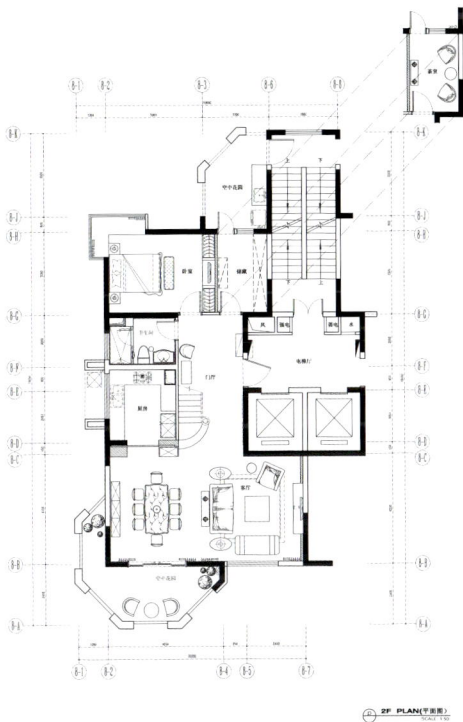

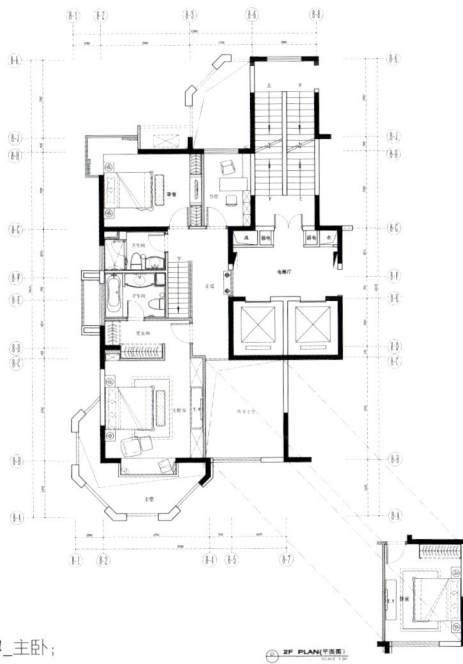

C4_主卧;
C5_主卫;
C6_次卫

D1_客厅；D2_餐厅

11/ 温州铂金湾样板房F户型

项目名称：温州铂金湾样板房F户型
项目地址：浙江温州

　　入口门厅：尊贵的风范。罗马柱式的庄严廊柱以及内凹大弧形墙设计沉稳的形制和色调，无不蕴藏着正统的贵族礼仪，宽阔高耸的门厅吊顶以高规格的石材、马塞克铺就奢华的尊严。会客厅：荣耀的风范。进入门厅之后就是一间敞亮奢华的客厅，水晶般闪亮的大吊灯闪烁着荣耀的光芒，不断的提醒主人及贵宾高贵的地位。餐厅的设计注重细节刻画、色调古典、时尚；体现豪宅的大器风范与豪华气派。

　　主卧：玄关的品味首次在这个户型得到最大化的实现，主卧与衣帽间分离式的走入方式、主人的生活习惯得到了极大的尊重。明亮的落地窗和宽敞的窗台，雅致的窗帘，一张足够宽阔经典的大床，备着柔软的仿佛天鹅绒的被褥，舒适的床榻，不是描述想象中的卧室，而是眼前真实的这一个主卧书房，一个陈设典雅的书桌摆在房间中央，桌上精致的台灯，相框安排的非常著目，舒适的高背软椅是专门给博学的主人定做的，处处暗示着主人的文化气息。主卫：躺在巨大的浴池里，带着白色泡沫的水正在你的身体四周浅浅漾动，你的身体在宽大的浴缸里接受水与时间的清洗，当天的积尘，心情中负面的一层薄雾可轻松去除，浴缸边是一个大落地玻璃窗，如此的私密空间，双台盆的袭击，让你的个性获得充足的生长空间。

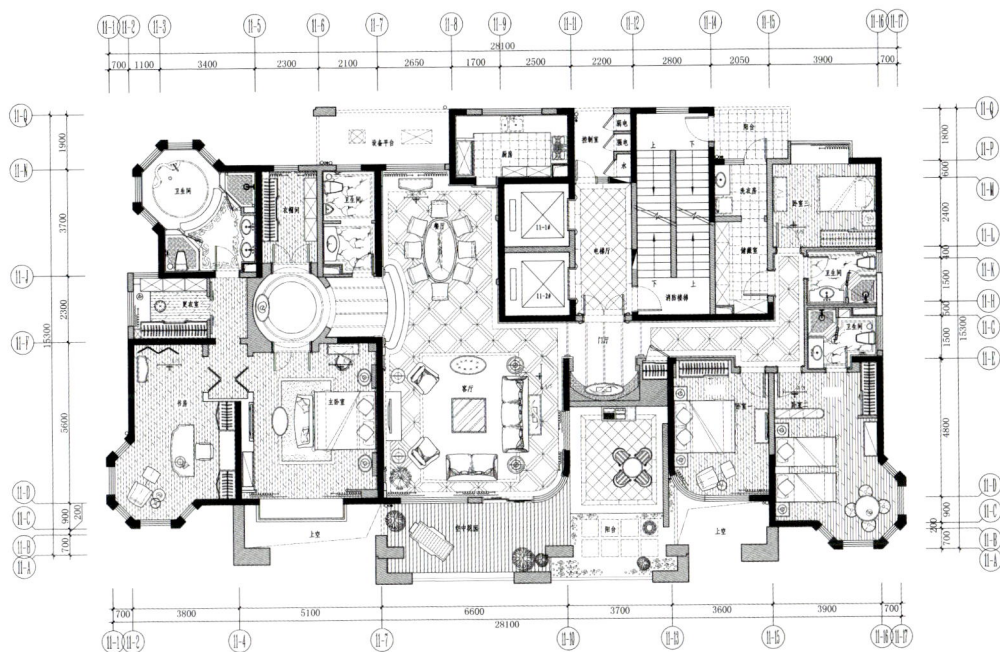

D1_门厅；D2_客厅全貌

12/ 菱感

<u>设计师：宋春吉</u>
<u>主要材料：大理石、瓷砖、银箔、黑檀木、墙纸、镜子</u>

古典为优雅而生，菱形似珍宝如绝色。在这里设计师从细节入手，描绘出一种极为精致的生活，让人不得不陶醉其中。高贵、大气而又富有灵性，舒畅活泼而又不失庄重，每个细节都透露出一种淡淡的优雅气息。简单的造型舒畅的线条彰显出一种极致的放松；摒弃过多的修饰，传统的意蕴在这里表露无疑。

大厅配合巴洛克式穹顶突显挑高7.5米的大气格局，特有的菱形设计协同细致的的装配，精致完美的整体形象呼之欲出。客厅采用菱形精配的软包、吊顶加入精巧的搭配让人有如春般的清新。餐厅吊顶采用菱形镜面的拼贴并配合家具柔美的曲线再融入高贵的咖啡色调整个画面如一杯香浓的咖啡让人回味无穷。

菱形配合白色缎面般的整体色彩充满了甜蜜，生活也由此都变得更加清新和愉悦……

D3_楼厅；D4_餐厅；D5_会客区；D6_会客区全貌

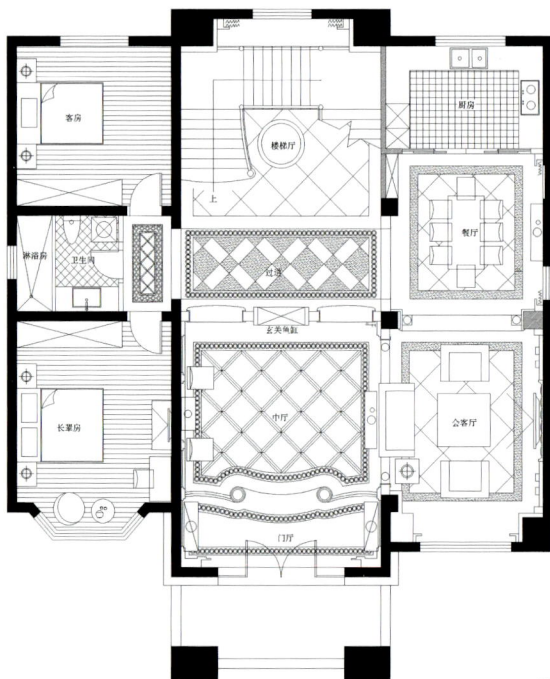

D7_主卧；D8_主卧化妆间；D9_主卧浴室

D1_客厅1；D2_客厅2

13/ 某欧式住宅

项目名称：某欧式住宅
设计师：艾冰

　　本案总体上给人豪华、大气的感觉，设计试图模仿欧洲古典样式营造高贵典雅中带着朴素粗犷的空间氛围。高密提花面料的欧式沙发，西洋图案的壁纸，樱桃木美式家具，耐用而不易过时，反映出主人追求自由生活的精神状态。胡桃木实木框成为了立面点缀的亮点，力求贴近大自然，同时也流露出了沧桑感和历史感；配合合理的空间划分和功能定位，华丽的装饰、浓烈的色彩、精美考究的欧式造型正在受到一部分追求时尚和品位的人们的喜爱。

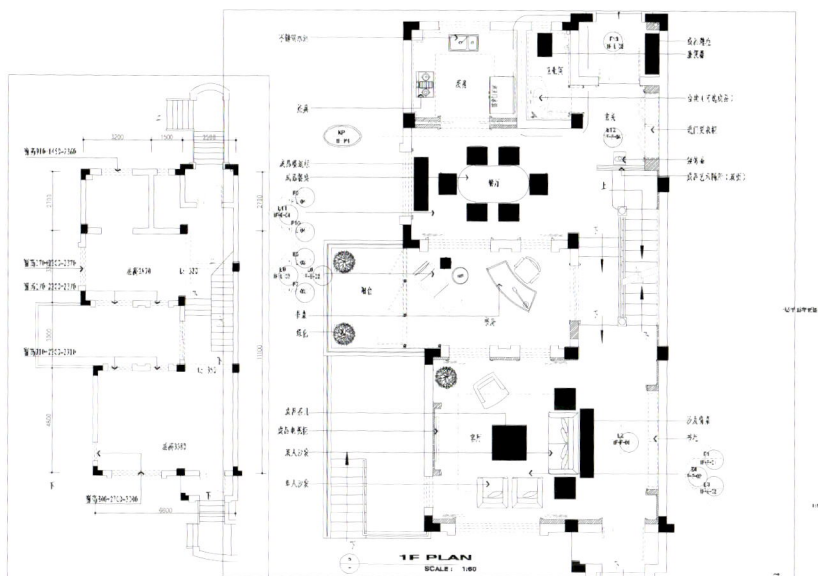

1F PLAN
SCALE: 1/60

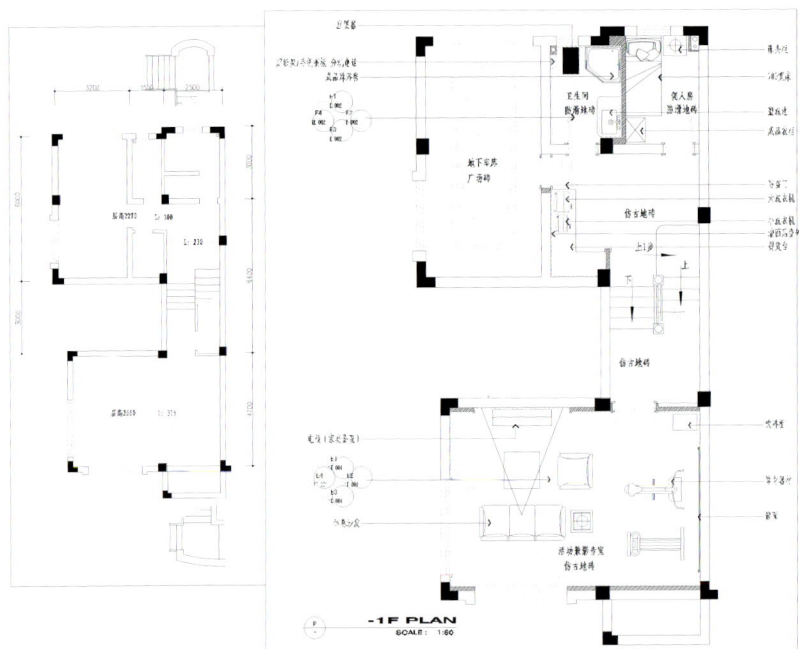

-1F PLAN
SCALE: 1:60

D3_二楼客厅；D4_主卧室；D5_次卧室

D1_客厅；D2_餐厅

14/ 某欧式古典公寓

项目名称：某欧式古典公寓
设计单位：北京益泰加裕华装饰有限责任公司

　　白色是现代的欧洲，黑色是记忆中的欧洲小城。白与黑，古典与现代，岁月的痕迹与现代的时尚。在这里，权力与文化，制度与礼仪。欧洲古典文明的建筑风格仿佛在向世人诉说着贵族般的高雅气质。

　　在这里,古典与简约浑然一体，时尚均衡的色彩布置，以及刚柔并济的选材搭配，无不让人在雅致中寻求到一种超现实的平衡，而这种平衡无疑也是对审美单一、居住理念单一、生活方式单一的有力的抨击。在这里，那些逝去的王朝仿佛并没有走远。

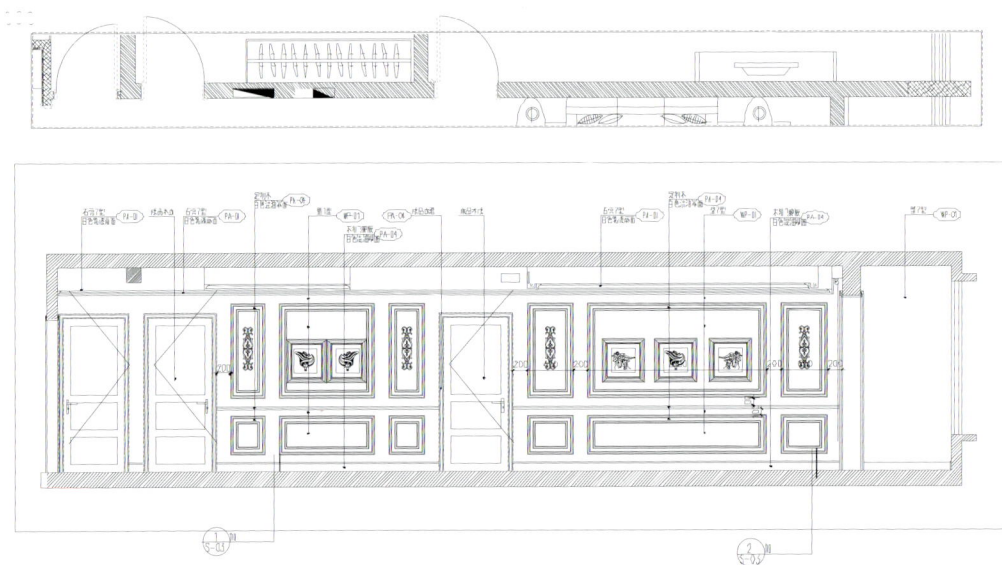

D3_书房；D4_卧室；D5_浴室

D1_客厅1、2

15/ 琨城帝景园1型别墅样板房

项目名称：琨城帝景园1型别墅样板房
设计师：钱世贤

　　本案是一套带半沉式地下室的二层独幢别墅。通过分析原有空间的采光、通风、人体动线、功能定位，再结合原建筑风格和工程造价这些因素，设计师采用意大利托斯卡纳风格，整体设计中除了客厅壁炉和一些功能柜外，基本对墙面不做任何装饰，选用最普通的涂料加软装搭配进行装饰。

　　进门入口通过托斯卡纳风格的螺旋柱拱门，将客厅、家庭室、餐厅功能区域进行了重新划分。不同的仿古拼花地砖、风化木梁体现了各区域空间的变化。

　　二层主卧通过灰兰色的墙面基调，配合白色羊毛地毯、铁艺四柱床，草黄的草编壁纸背景墙，利用冷暖色调的视觉渗透，让你感觉宁静、浪漫、出众。

　　地下室螺旋梯台阶下就是一个景观水池平台，下平台后利用装饰酒架和拱形门洞将原空间划分成一个男人的世界：酒吧和桌球室……

　　本案的设计特色就是以最廉价、最简单的装饰手法，通过功能布局、色彩灯光控制、软装的合理搭配来营造浓郁的异国情调。

D2_客厅

D1_客厅1; D2_客厅2

16/ 某地中海风格住宅

项目名称： 某地中海风格住宅
设计师： 单丽华

　　本案风格为浪漫地中海风格。向往舒适的居住环境，宁静的生活空间，从碧海、蓝天和洁白沙滩上所获得的灵感，反映在家居上，就是一片纯净的白和这种若有若无的蓝，这种蓝并不是让人看一眼就会迷醉的湛蓝，而是水洗过似的轻浅、柔和。巨幅观景窗带来的明亮光线，使这间居室显得更加宁静、安详，清爽得像天堂一样。喜欢地中海式家具其极具亲和做旧的感觉、有点粗糙，但是极为舒适。藤编储物筐颇具艺术观赏性，显示出温馨浪漫之气。想像一下地中海的天空、海洋、沙滩，那种连空气中都漂浮着悠闲味道的蓝色与白色无处不在，好像薄纱一般轻柔，让人感到心旷神怡。

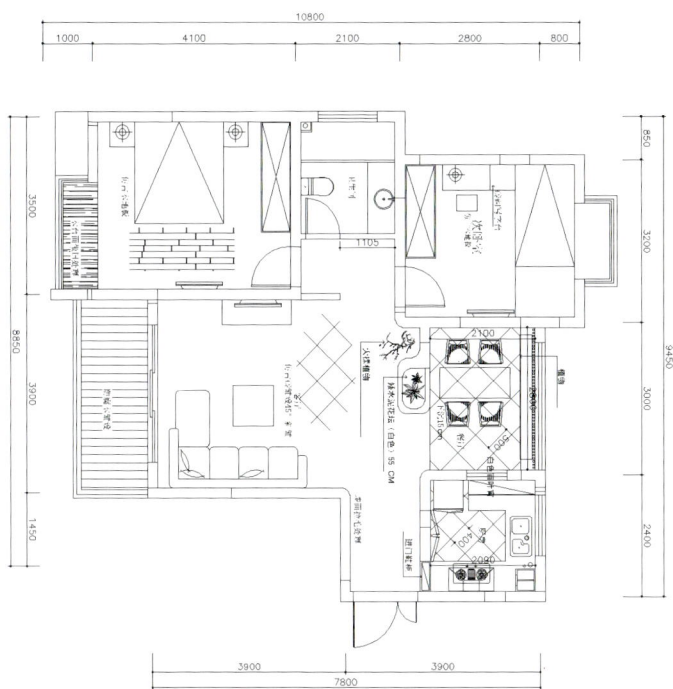

D6_小孩房；
D7_浴室；
D8_主卧室1、2

D1_客厅；D2_客厅局部

17/ 水蓝天岸16A样板房

项目名称：水蓝天岸16A样板房
设计师：叶邵雄

本样板房以银白两色为主，衬以主题颜色——湖水蓝的摆设和家品，优雅出众。

设计师将客厅、餐厅银白色墙纸的独特花纹，特意打造成另一幅特色墙的浮雕效果，客厅中间的粉蓝色地毯亦用同样之花纹特制，匠心独运。餐厅衬以著名吊灯 *Sky Garden*，灯罩内设有花样浮雕，使餐区更添花园艺术气息。设计师以落地玻璃门把主人套房与工作室连接，并以银色树样图案的墙纸铺设工作室的墙身，令视野更广阔，充满时代感。

D1_客厅1、2

18/ 金榈湾

项目名称：某欧式住宅
设计师：祁金龙

　　单一的装饰风格势必显得突兀，而一个具有多种混搭元素的空间成为设计师最初的灵感。空间大部分墙面采用了象征华贵与辉煌的金色和米色作为基调，根据不同的功能空间进行出彩的搭配。令人印象最为深刻的是从楼梯进入到客厅，映入眼帘的是跳动的色彩：暖灰色的主体沙发搭配两个极具跳跃性的明蓝色单体沙发，紫色布艺桌旗与玄关墙上的装饰画锦上添花，营造出东南亚馥郁浓烈又明快活泼的地域风格特点。

地下室平面布置图

一楼平面布置图

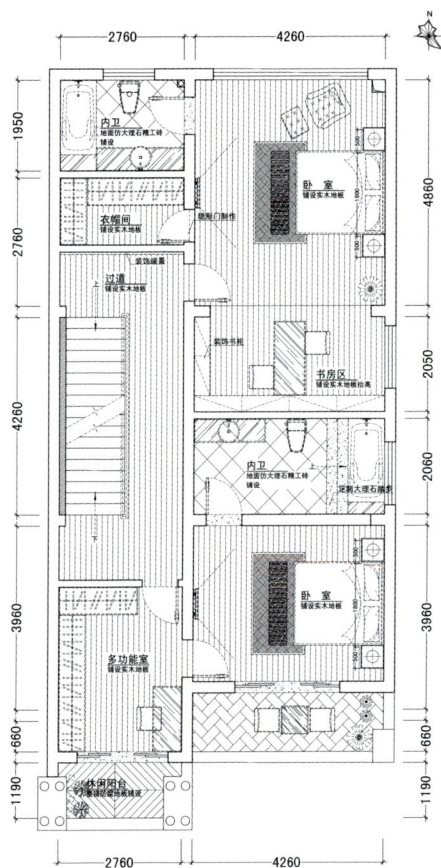

二楼平面布置图

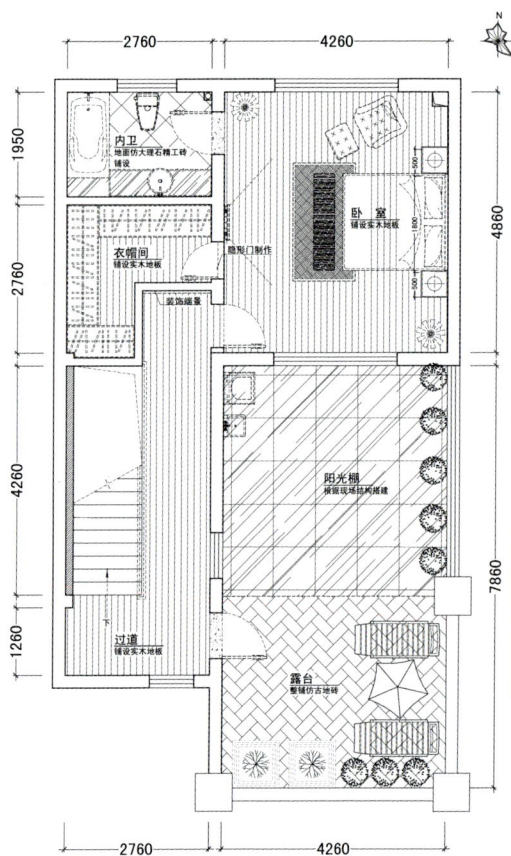

三楼平面布置图

D3_客厅；D4_餐厅；D5_卧室

D1_客厅；D2_玄关；D3_电视墙

19/ 阳光海岸样品房

项目名称：阳光海岸样品房
设计单位：广东省汕头市空间装饰工程设计有限公司

在现代都市群体中，高品质的生活方式逐步成为大多数人的向往。简约风格中体味新欧式的奢华、高贵品质，正成为新潮流、新时尚。

本案着重将古典与高贵融为一体，整体主要以黄、金两色为主色调，尽显皇家贵族风范。客厅处设计典雅，黑色与蒂娜米黄石板搭配，以豪华的水晶灯与典雅的欧式家具完美结合，引领人们走进这个奢华世界。主寝室弥漫着新欧式浪漫的新古典风范。个性的黑色系列沙发、柔和的光线使整个空间显得庄重而不失温和，雍容而不失温馨。

D4_主卧室；D5_装饰柜；D6_儿童房；D7_卫生间

D1_客厅1、2

20/ 现代中国风

项目名称：现代中国风住宅设计
设计师：王梅

　　中式风格不再只是一副传统的面孔。在这个城市里，新材质、新手法的加入运用能让古老的文化焕发出时尚的气息。本案采用的手法就是运用现代的材质来表现中式的韵味，在一楼客餐厅之间运用一个现代的吧台来分隔客餐厅之间的功能，吧台侧面的花格运用白色混水漆来表现现代时尚的气息，灰色镜面的运用使得空间感更加扩大一些，墙面大面积采用抛光砖加工上墙，来增强墙面的质感。

　　整个二楼分为主人房，书房，两个客卧，内、外卫生间。功能上完全满足客户的要求。主人房的背景运用咖啡色硬包和灰色镜面玻璃，来表现主人房时尚的气息，顶面运用几个线条来点缀中式的氛围。

　　三楼主要由储藏室，健身房，棋牌室组成。主要以休闲为主，墙面运用纯手工肌理涂料来代替普通的乳胶漆。

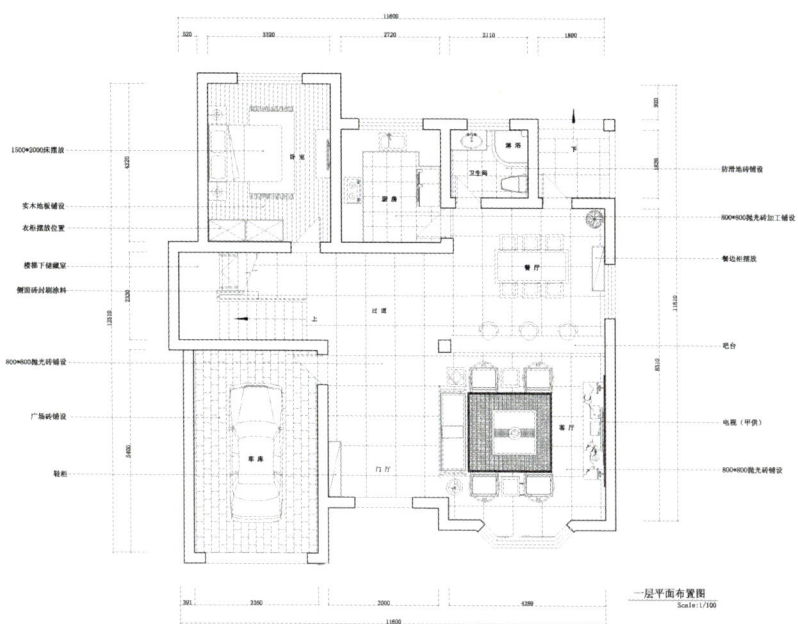

一层平面布置图
Scale:1/100

1500*2000床摆放

实木地板铺设
衣柜摆放位置
楼梯下储藏室
侧面涂刷封釉涂料

800*600抛光砖铺设

广场砖铺设

鞋柜

防滑地砖铺设

800*800抛光砖加工铺设

餐边柜摆放

吧台

电视(甲供)

800*600抛光砖铺设

卧室
厨房
卫生间
沐浴
下
过道
餐厅
客厅
车库
门厅
上

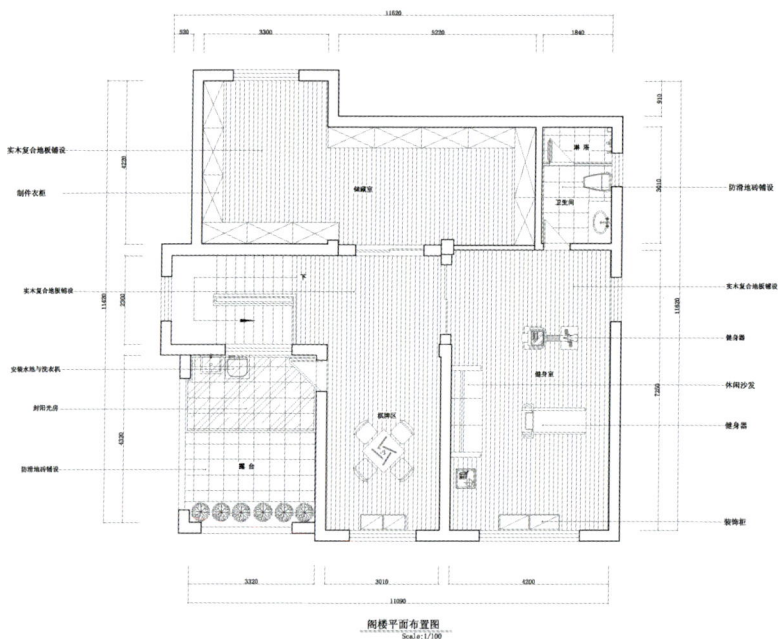

阁楼平面布置图
Scale:1/100

实木复合地板铺设
制作衣柜

实木复合地板铺设

安输水池与洗衣机
封阳光房

防滑地砖铺设

储藏室
卫生间
淋浴

防滑地砖铺设

实木复合地板铺设

健身器

休闲沙发

健身器

装饰柜

健身室

低酒区

露台

D2_餐厅；D3_卧室

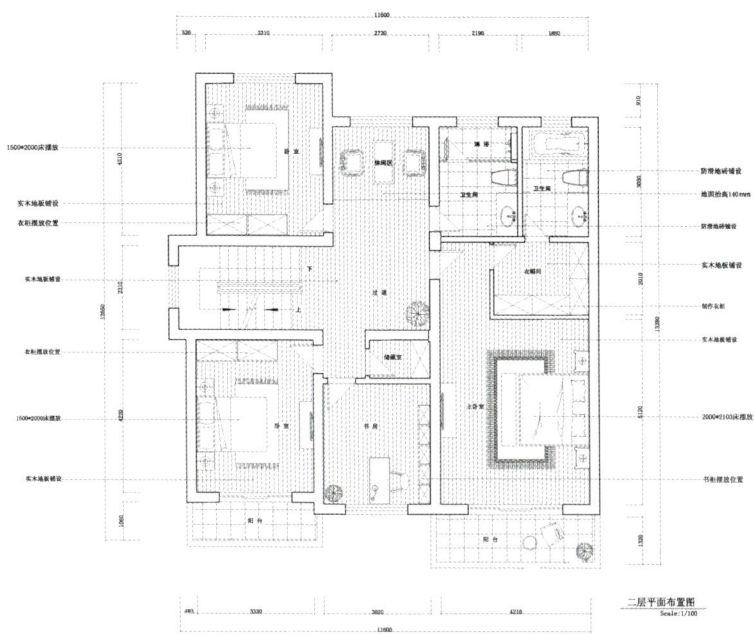

1500*2000床摆放

实木地板铺设
衣柜摆放位置

实木地板铺设

衣柜摆放位置

1500*2000床摆放

实木地板铺设

防滑地砖铺设
地面抬高140mm

防滑地砖铺设

实木地板铺设

制作衣柜

实木地板铺设

2000*2103床摆放

书柜摆放位置

卧室

换鞋区

洗澡间

卫生间

卫生间

衣帽间

过道

储藏室

书房

主卧室

衣帽

阳台

阳台

二层平面布置图
Scale:1/100

D1_客厅；D2_客厅全貌

21/ 某现代风格住宅

项目名称：某现代风格住宅
设计师：王小海

　　本案定位为极简的欧式后现代风格。设计师主要采用了石材，玻璃，不锈钢，水晶等现代材质，且整体保留一种原始，野性，粗犷之感。颜色搭配和谐，整体感觉典雅大气，高贵神秘。在家居装饰上，将自然与现代装饰的线条进行混搭，强调功能简单且结构齐全的设计。在色彩上，采用深蓝灰色调装饰房间界面，硬朗的直线条干净利落的将吊顶，墙面与地面分开。家具的选购，色彩与布品的搭配协调让居室透漏着冷艳的魅力，营造出从容、冷静的氛围。

D1_大客厅；D2_餐厅；D3_小客厅

22/ 太湖美山庄73幢

项目名称：太湖美山庄73幢
设计师：俞海龙

　　设计师选用美式乡村风格作为设计的主基调，摈弃了古典的繁琐，吸纳了古典的华丽。

　　大厅设计上选择厚重的原木美式家具与柔软的花式布质沙发，配上欧式造型的吊灯与美丽的风景油画，表达了一种既温暖又舒适的生活风味。吊顶、墙面木作选用了与家具匹配的深色橡木材质，地面上精心铺装的抽象几何地砖时尚大气。同时，铁质吊灯的点缀也为整个空间生辉不少。

D1_客厅；D2_餐厅；D3_卧室；D4_走廊

23/ 金地湾样板

项目名称：金地湾精装修项目
项目地址：北京

　　客厅充满东方意味的壁面油画先声夺人贯穿出客厅的高雅气质，在欧式浪漫奢华的设计风格中融入中式元素，足见设计者成熟的混搭功力。开放式的设计让客厅与餐厅融为一体，配合落地窗，营造出空间的通透质感。

　　卧室的改造重点在于隐私性和个人化的多方面体现。将原来孤立的书房、主卧、浴室、卫生间、更衣间五大空间利用一扇双开门组合为一。

D1_玄关；D2_客厅

24/ 北京洋房

项目名称：北京洋房设计
设计师：郭建平

　　混搭——跳脱制式规则，强调居住者特色及风格，体现了人性化的质感，以及丰富多元的色彩和元素，以细腻又大胆的手法将屋主的生活品味和个人特色表现在空间设计中。确定一个简约现代风格的基调，以这种风格为主，中式风格做点缀，分出轻重、主次，让不同的空间拥有各自的表情，这正是房屋主人所需要的。

　　整个空间讲求材料的质感和色彩的搭配，利用它们来制造层次感，做到"形在神散"，具备古典和现代的双重美感，除了基本的实用性以外，让整个家具更具备表演性。

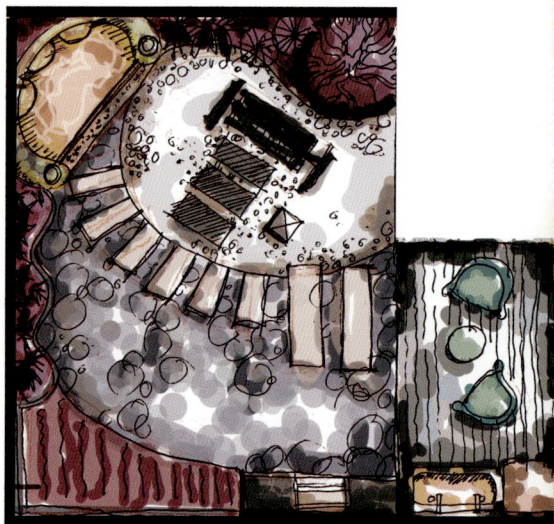

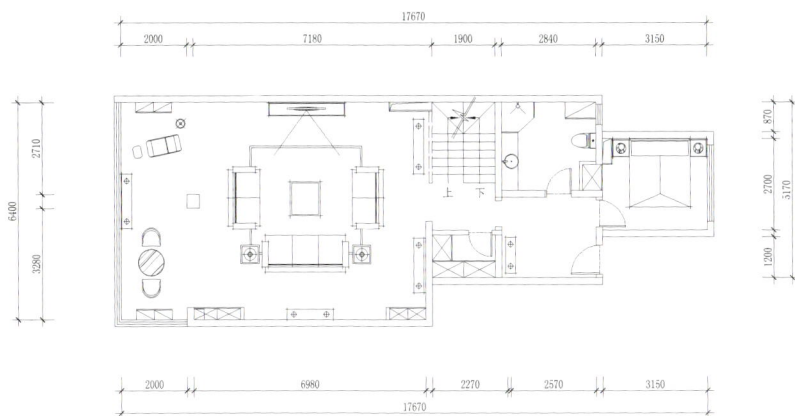

D3_餐厅；
D4_门厅；
D5_卧室；
D6_浴室

D1_客厅全貌；D2_客厅

25/ 依云溪谷01栋样板房

项目名称：南京依云溪谷01栋样板房
设计师：王震华

　　依云溪谷，处于城市与乡村相交处，虽然在城市，但一条美丽的乡村原野给小区添加了无限的乡土气息，静静地被田园树影掩映着，有远离都市的繁华喧嚣之感。

　　居住人群除了有着很好的经济基础，对环境、居住品质要求高以外，大部分具有崇尚和向往西方古典生活方式的特点。古朴的石砖壁炉燃起，让人温暖无限。墙面居中的位置是一个镶嵌画品展示，旁边的墙体拆除特别引人注意，使视线通畅给人以视觉上的感受。肌理墙漆和家具饰品，使其古典风格更加突出。休闲轻松的皮质沙发出现在主人的客厅让人倍感品质与轻松。作为这个样板房的主要设计元素，正是考虑到了这些材料和装饰品匹配。在以整体的风格为基础，增添房间使用功能的前题下，要体现浪漫和独特的生活气息，是我表达的主题。在顶梁家具的大块面结构中，却掩饰不住细节的精巧处理，只需造型色彩的统一把控，就可以表现沉稳的气氛，给人以功能与视觉上的充实感受。

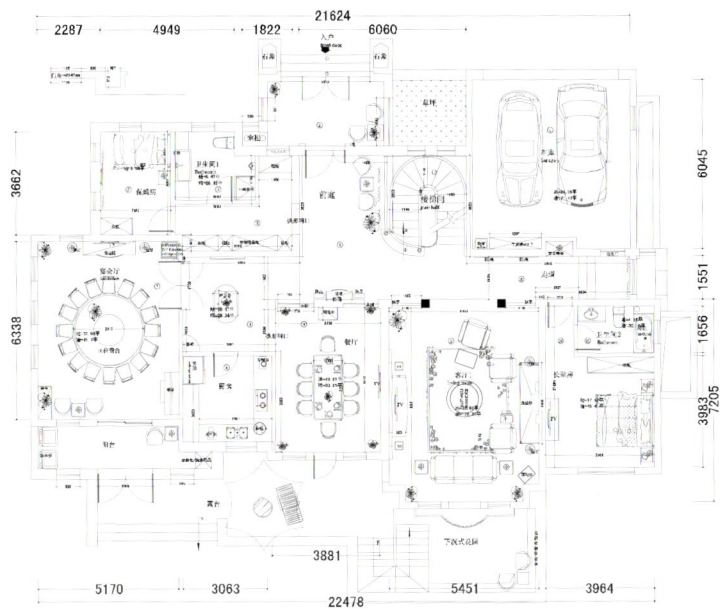

03_客厅及走廊；
04_走廊；
05_楼梯；
06_娱乐室

D1_客厅全貌；D2_客厅

26/ 珠海市华发世纪城别墅

项目名称：珠海市华发世纪城别墅
设计师：唐锦同

　　时光转换，现代而典雅时下备受推崇。现代与典雅作为一种生活态度，多了几许个性韵味，更具民族化和时尚魅力，瑰丽而浮华，处处散发悠远怡人的魅力。

　　本案以灰色调为主色调，衬托出简洁的线条和材质，精致的石材线条、高贵的拼镜装饰、典雅的沙发和绒毛地毯，每处细节都代表着一个个曾经创造出无限浪漫美妙的时代，以素材原有的机理剥离层次、渲染空间，将同一色调的纯净魅力演绎得丰富而生动，在统一中显得变化而扩张。与深浅、浓淡、冷暖的对比中达到平衡，使整体气氛清新、纯粹而又优雅。温暖的背景色调，大块大理石纹理也丰富了电视背景墙。而颜色上的拼接却以现代的手法来处理，简洁的造型、色彩冷竣的家具搭配，曼妙的灯光都为设计铺垫上细腻而统一的节奏。沙发背景同样运用了大理石纹理质感的突出，使视觉上的丰富性也得到了延伸。这些都共同为此套房营造了一种别致奢华的生活氛围……

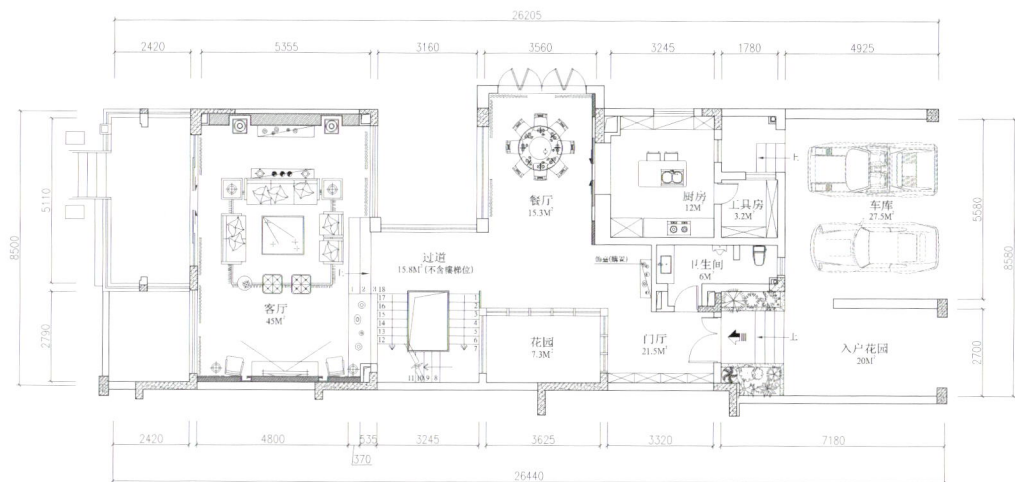

餐厅
15.3M²

厨房
12M²

工具房
3.2M²

车库
27.5M²

客厅
45M²

过道
15.8M²（不含楼梯位）

卫生间
6M²

花园
7.3M²

门厅
21.5M²

入户花园
20M²

PL　一层平面布置图

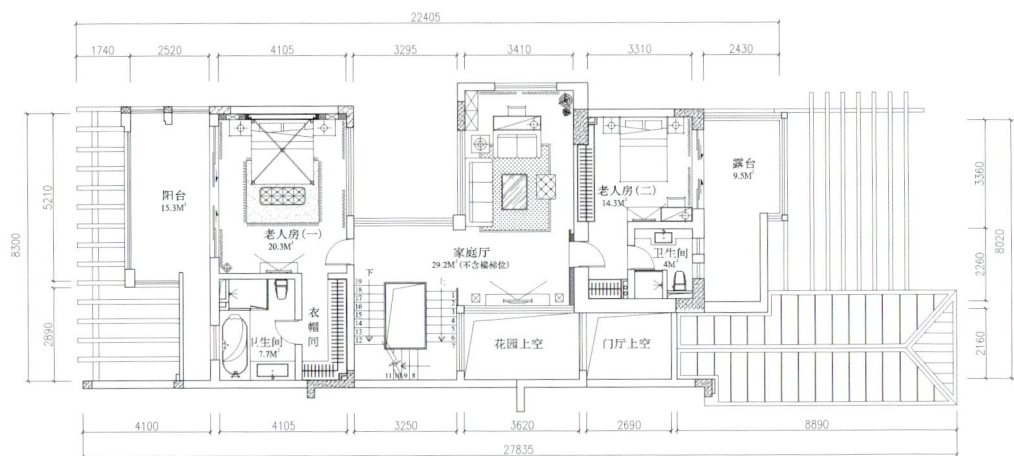

PL 二層平面布置圖

D3_餐厅；D4_书房；D5_卧室

D1_客厅及餐厅；D2_卧室

27/ 简单奢华样板房

项目地址：四川泸州
面积：147 平方米

　　以金色镜面为素材，展开对空间格局的改善和视觉的改变，并以镜面加工工艺的应用效果来实现奢华的色彩主调和符号识别，在实现过程采用了简化的方法，却保持了奢华风的韵味。中在这条设计主线上串连起饰材、家具、配饰、灯光等素材的展现，在空间中萦绕回旋出一曲金色的乐章。

　　样板房使用的材料和工艺主要有：金色玉砂镜面、金色刻花镜面、刻花茶镜；地砖、地毯、木地板、墙纸、乳胶漆。

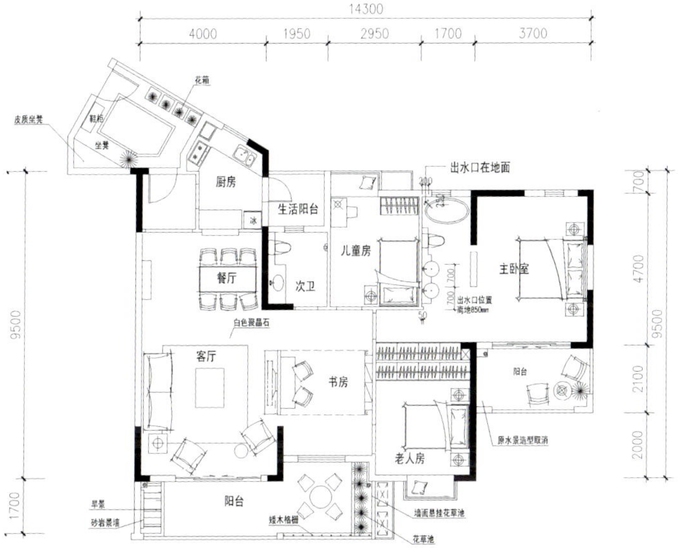
14300
4000
1950
2950
1700
3700
花箱
皮质坐凳
鞋柜
坐凳
厨房
出水口在地面
200
生活阳台
冰
儿童房
主卧室
餐厅
次卫
700
700
出水口位置
离地850mm
50
白色聚晶石
客厅
书房
阳台
原水景造型取消
老人房
阳台
旱景
砂岩景墙
矮木格栅
墙面悬挂花草池
花草池
9500
1700
700
4700
9500
2100
2000

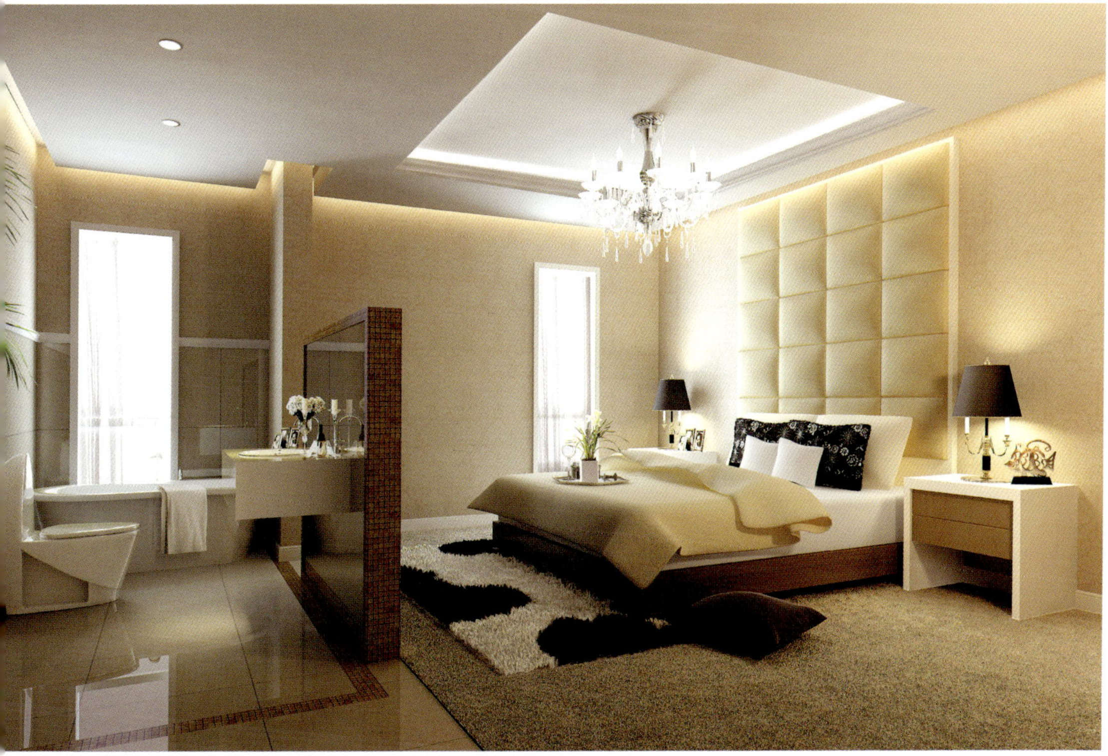

D1_客厅及餐厅；D2_卧室

28/ 现代欧式复式样板间

项目名称： 济南某复式小户型样板间
主要材料： 镜面砖、壁纸、镜片、枫木面板

　　对室内空间布局的重新安排，主要是考虑实用性能和动线之流畅性，本案为一复式挑高结构的小户型，考虑到大厅能够有效地容纳起居和用餐功能，故在充分满足厨房基本功能的同时，将其面积缩小，保证大厅面积的有效性。

　　本案为一现代欧式风格的复式住宅，在相关的材质和用色以及家私上予以配合。整个空间采用贵气的金属黑色，客厅、厨房、卧室等空间均采用协调的色调。在整合了室内空间元素的同时，营造出了欧式的奢华和高贵。二层的过道及卫生间采用有纹理的石材，体现了现代时尚之感，同时又给整个空间以特色之意。在整个复式小空间中，镜面的使用有效地扩展了空间，虚实结合，层次分明。

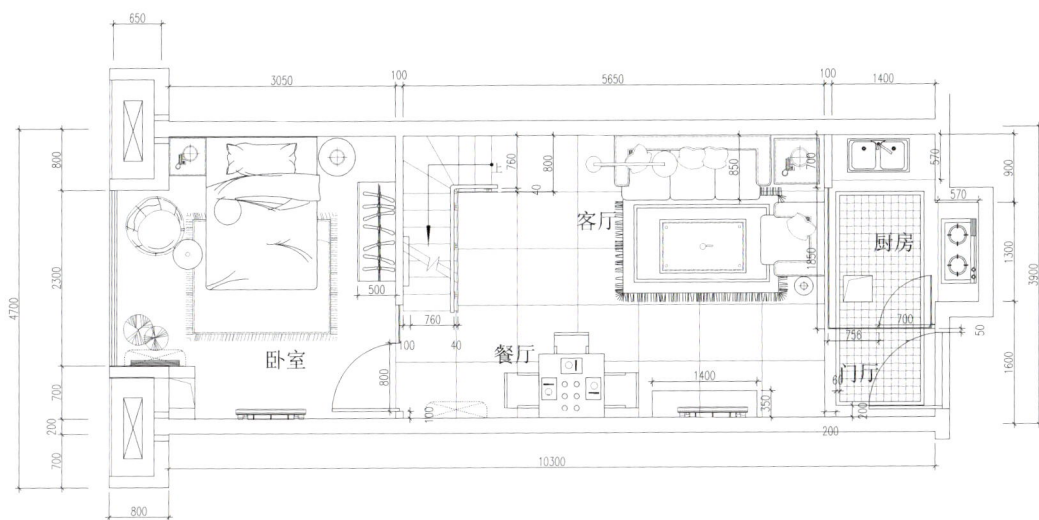

一层平面设计图

D1_客厅；D2_客厅一角

29/ 汕头海岸明珠君庭

项目名称： 汕头海岸明珠君庭高级住宅室内设计
设计师： 杨伟明

　　意味深长的桥亭院落，曲径通幽的园林府邸可谓诗意地表达了南方园林的婉约意境。走廊中木线条的点缀，塑造了强烈的空间感。古朴的明清家具和大量的绿植运用在茶室中，让一个带有现代科技系统的楼宇，最大程度地呈现了与大自然的贴近。经过洗礼的古典风格被有效地与现代简约风格融合，提炼出了极具设计感和奢华感的新东方文化。设计师通过对材质的深刻把握，对古典风格的独特见解将现代与古典有效衔接，室内与室外自然融合，景有尽而意无穷。

　　香柏木质花格，文化石，不锈钢，水晶白大理石，黑白红布艺沙发，银色时尚壁纸等材质呈现出了紧随时代脉搏的东方印象居所。

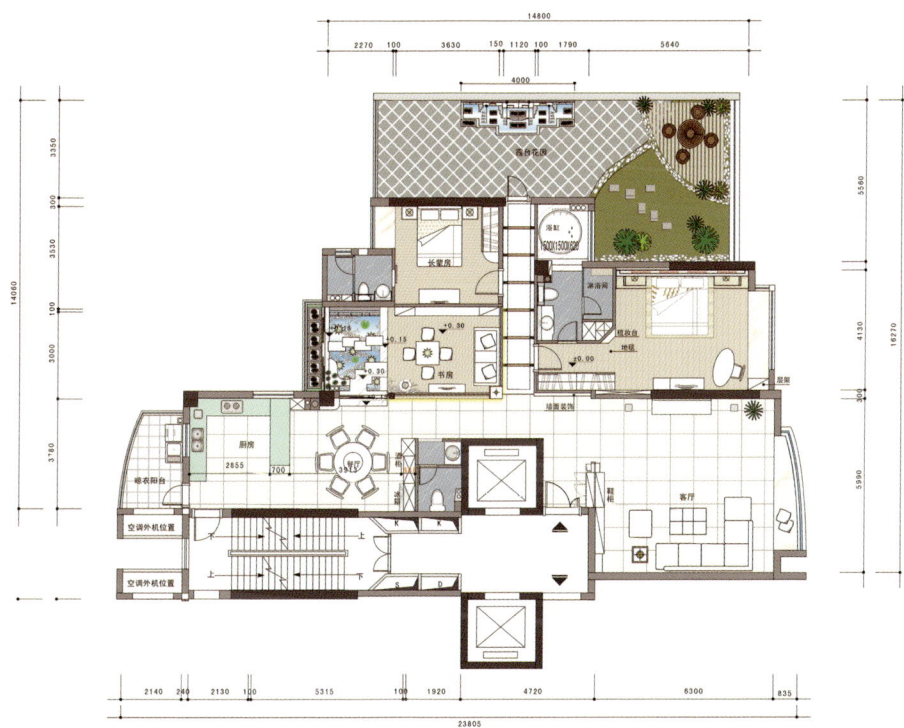

D3_茶室；
D4_走廊
D5_客厅局部1、2
D6_走廊局部1、2

D1_客厅；D2_书房

30/ 金叶岛国际花园别墅

项目名称：金叶岛国际花园别墅
设计师：杨伟明

　　古朴素雅、庄重大方的环境，使人心神宁静，尽显高贵的气质。充实着中国各代韵味的书房，透出一种"禅"的气息，奢华富丽的中式风格是该别墅的突出特点。金箔天花加上犹如窗帘发式的华丽帘头，各色墙体界面的处理尽显空间的奢华，连同家具与陈设品的选择，一取唐之奢华，宋之婉约，皇家风范的格调由此璀璨盛放。设计中兼顾了建筑空间处理、界面材料的选择、灯光设计、陈设设计以及艺术品点缀五大方面，空间统一大气，浑然一体：从空间形态和物理环境两个方面对空间布局进行规划，满足其合理的使用要求；花格木饰、自然纤维壁纸、米色大理石装饰了各个界面；多种光源兼顾了光照度和角度，在氛围的营造上起到关键性作用；陈设品的摆放将功能的满足上升到艺术审美的提升，表达了主人对于精神上不懈追求。

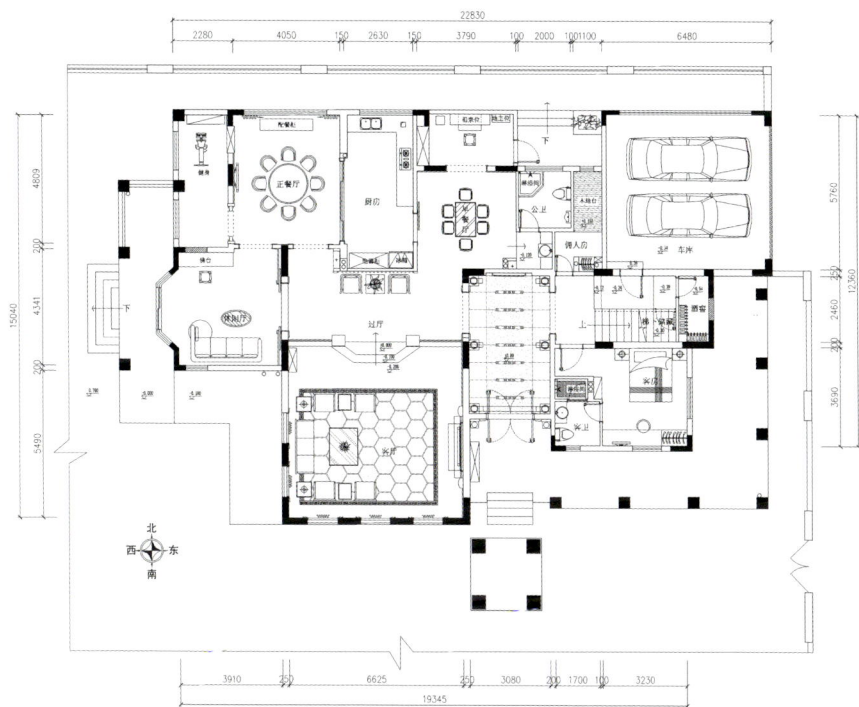

D3_主卧室；D4_次卧室；D5_走廊；D6_浴

D1、2_客

31/ 翠苑小区

项目名称：翠苑小区5栋1702
设计师：赵春翔

　　本案为一建筑面积210平方米的商品房，业主是一位喜好收藏中国传统字画及古文物的军人，常住人员结构为三代：夫妻二人，有一个老人及一个女儿。

　　空间的规划，首先从功能上满足需求则需要保留三个卧室，另外单独设有一个书房及一个专门为男主人放置收藏品的储物间。

　　因业主有部分中式收藏品家私希望能够用在这套新居内，为了配合整体家居的格调统一，我们将此案定位为中式风格，并且在中式情节中融入一些现代元素进去，墙面采用的是光泽度较高的仿大理石抛光砖，使得空间光线会比较好，也避免了大面积采用大理石对人体带来的辐射危害，同时又弥补了中式家私色调较为沉重的弊端；在软装配饰上我们选用了一些较现代感的造型装饰，与传统的中式家私相结合，营造出既有现代气息又不失中式韵味的家居空间，以达到一种温馨和谐的居家环境！

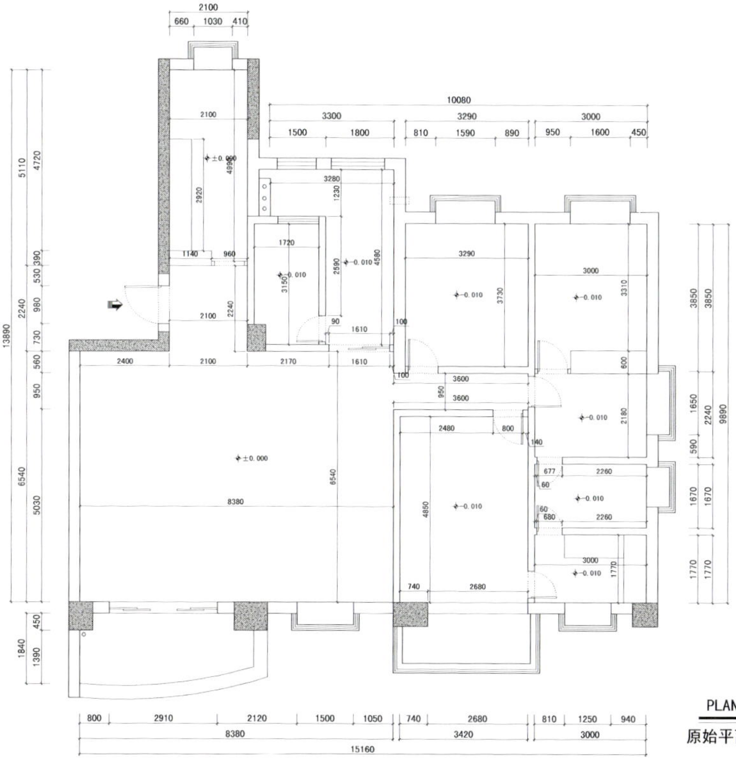

PLAN 1 : 75

原始平面尺寸图

32/ 北京盘古七星公馆

<u>项目名称：北京盘古七星公馆</u>
<u>设计师：谢连峰</u>

　　本设计中的一切细节处理完全诠释了新古典主义的装饰设计理念：用文化感染空间，用艺术打造生活。现代中式一般是指明清以来逐步形成的中国传统风格的装修。这种风格最能体现我们民族的家居风范与传统文化的审美意蕴，并且以其不过时的独特特征，长期以来一直深受人们的喜爱。现代中式追求的是一种修身养性的生活境界。总体布局多采用对称式的布局方式，格调高雅，沉重而内敛，书卷味道浓，凸显大气，高贵，文雅之氛围。

　　而在装饰细节上，崇尚自然情趣，花鸟、鱼虫等精雕细琢，富于变化。现代中式古典居家风格饰品色彩可采用有代表性的中国红和中国蓝，居室内不易用较多色彩装饰，以免打破优雅的居家生活情调。色彩不宜明快，应以沉稳的灰色调为主，因为中式家具色彩一般都比较深，这样整个居室色彩才能协调。绿色尽量以植物代替，如吊兰、大型盆栽等等；现代中式装修的重点是天花与门窗，风格主要通过传统家具（多为明清家具为主）及装饰配饰品来体现。家具陈设同样讲究对称，极重文脉意蕴，擅用字画、卷轴、古玩、匾幅、瓷器、宫灯、屏风、博古架、山水盆景等加以点缀，渲染出满室书香，一堂雅气。装饰手法上多采用借景、藏景等手法，以达到移步换景的效果。小居室，大洞天。

　　本设计方案中，精细的细节处理，高雅的设计格调，以及秉承我们一贯追求完美的理念，为您量身打造了一个高贵大气灵动的空间。给您在喧闹的都市生活中一个室外桃园的居家生活。

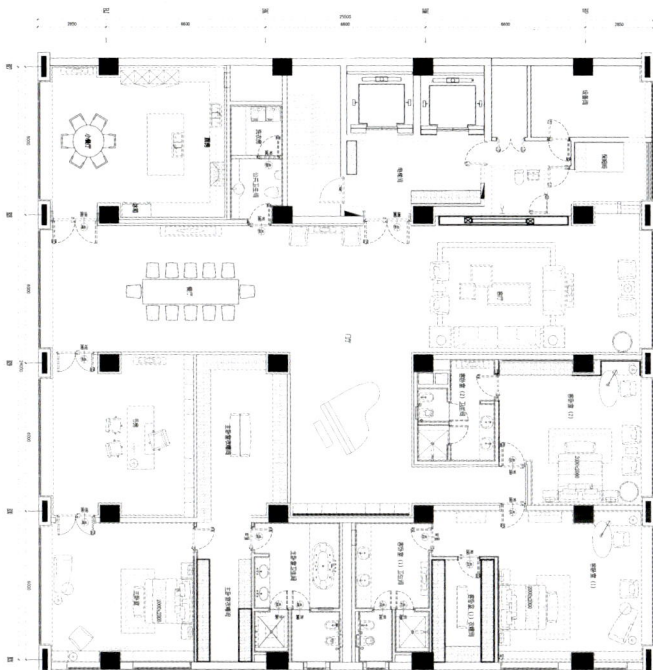

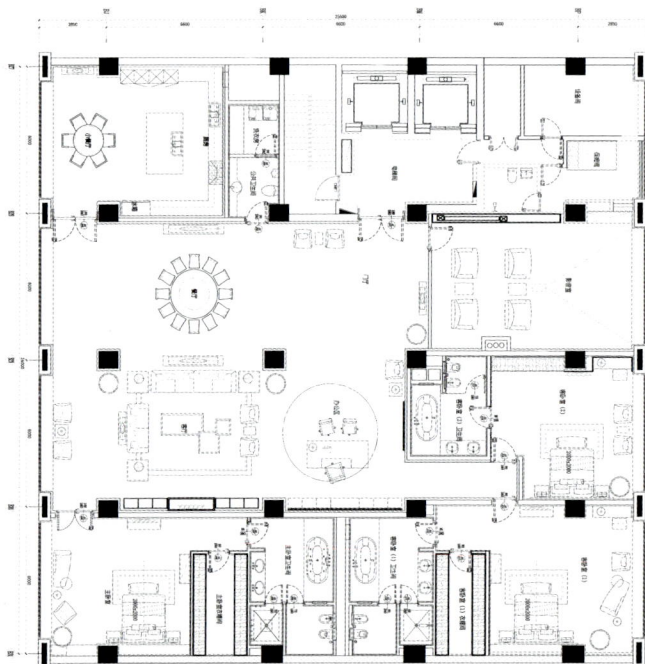

D3_客厅效果1；
D4_客厅效果2；
D5_客厅电视墙；
D6_小餐厅

D1_客厅角度1；D2_客厅角度2

33/ 龙珠山庄

设计师：丛宁

　　本案客厅、过道、书区、卧室顶面连接墙面、大面积枫木实木拼木板造型通过灯光的烘托，形成了丰富的层次，"盒子"的造型贯穿整个室内，构成了"天内有天"的感觉。

　　整个空间划分合理，细部质感、家私和功能通过设计师细心认真的设计，产生精致的视觉效果。

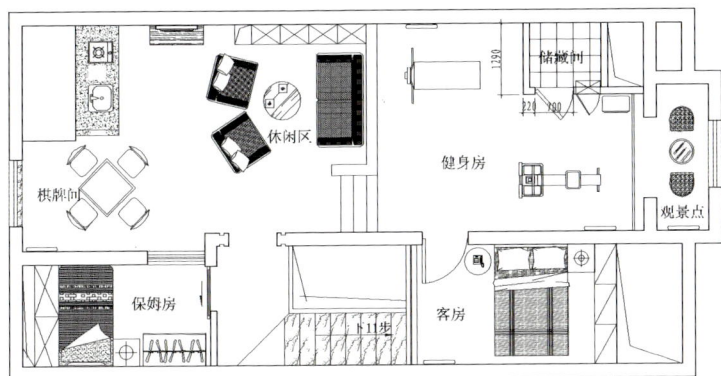

平面布置图

D6_二层书房；
D7_休息区；
D8_健身房

D1_客厅；D2_卫生间；D3_卧室

34/ 宝地东花园C套型

项目名称： 上海市宝地东花园C套型样板房项目
设计师： 陶才兵

　　本方案是围绕现代简约为主题，以简洁明快的设计风格为主调。简洁和实用是现代简约风格的基本特点，简约风格已经大行其道几年了，仍然保持很猛的势头，这是因为人们装修时总希望在经济、实用、舒适的同时，体现一定的文化品味。

　　客厅是主人品味的象征，体现了主人品格，地位，也是交友娱乐的场合，电视背景墙采用茶镜和大理石的简单材质，既简单又大方，配上顶部照下来的灯光，整个电视背景墙把客厅提升起来。

　　强调功能性设计，线条简约流畅，色彩对比强烈，这是现代风格家具的特点。此外，使用玻璃、楼梯间采用大面积艺术篆尘造型饰面等造型，也是现代风格的常见装饰手法，能给人带来 前卫、不受拘束的感觉。由于线条简单、装饰元素少，现代风格家具需要完美的软装配合，才能显示出美感。

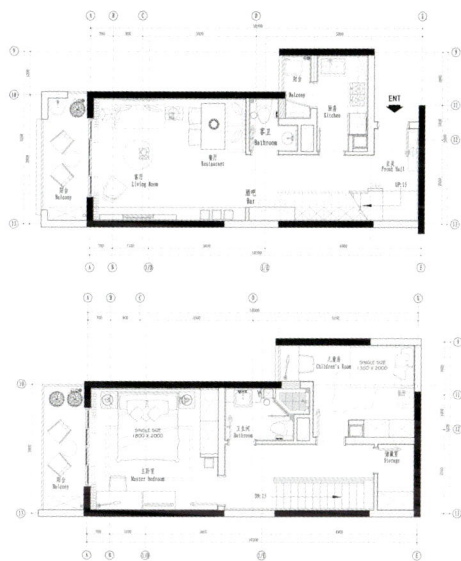

D1_客厅；D2_门厅；D3_二层钢琴室；D4_书房

35/ 联盟新城

项目名称： 联盟新城
项目地址： 河南郑州郑东新区

　　作为欧洲文艺复兴时期的产物，古典主义设计风格继承了巴洛克风格中豪华、动感、多变的视觉效果，也吸取了洛可可风格中唯美、律动的细节处理元素，受到了社会上层人士的青睐。特别是古典风格中，深沉里显露尊贵、典雅浸透豪华的设计哲学，也成为这些成功人士享受快乐理念生活的一种写照。

　　墙面用壁纸，或选用优质乳胶漆，地面材料以仿古地面砖为佳。客厅非常需要用家具和软装饰来营造整体效果。深色的橡木家具，色彩鲜艳的布艺沙发，都是欧式客厅里的主角。还有浪漫的罗马帘，精美的油画，制作精良的雕塑工艺品。

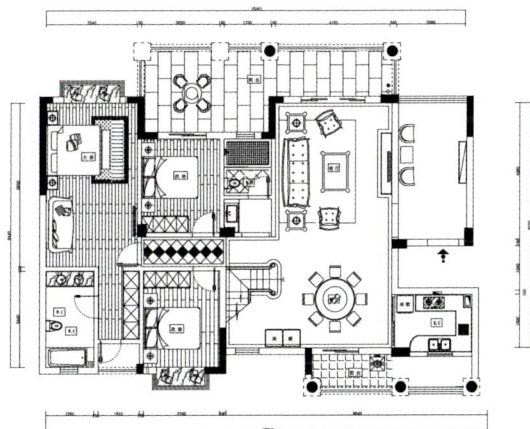

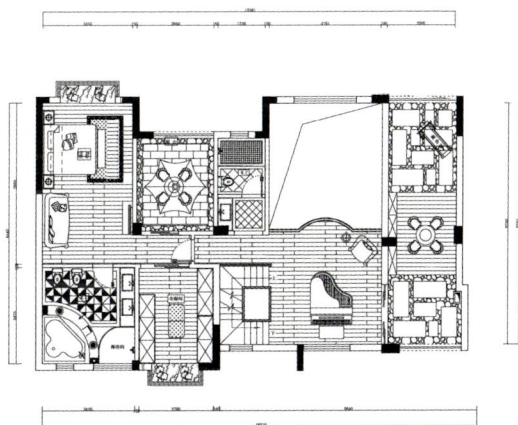

5_主卧室；D6_次卧室

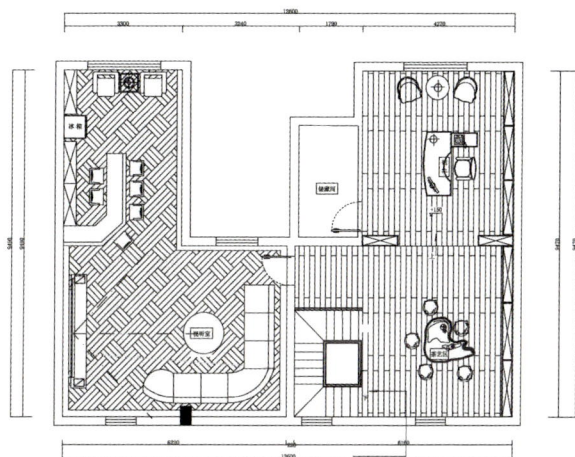

D7_二层棋牌室；
D8_三层厨房；
D9_三层健身区

D1_客厅全貌；D2_门厅；D3_客厅

36/ 黑色乐章

项目名称： 某简约风格样板房
设计师： 李孝都

　　本案是以简约时尚庄重为本，以黑白两色为主色调，令住户的视线开阔而通畅，给人以沉稳的感觉，符合居住者的年龄层 。在软装方面，选用富有装饰性，让生活更富情趣的装饰，比如餐厅里红色的壁画，客厅里黑色暗纹的壁纸，楼梯侧面灯光的引用，都是让居住者更能感受居家趣味。

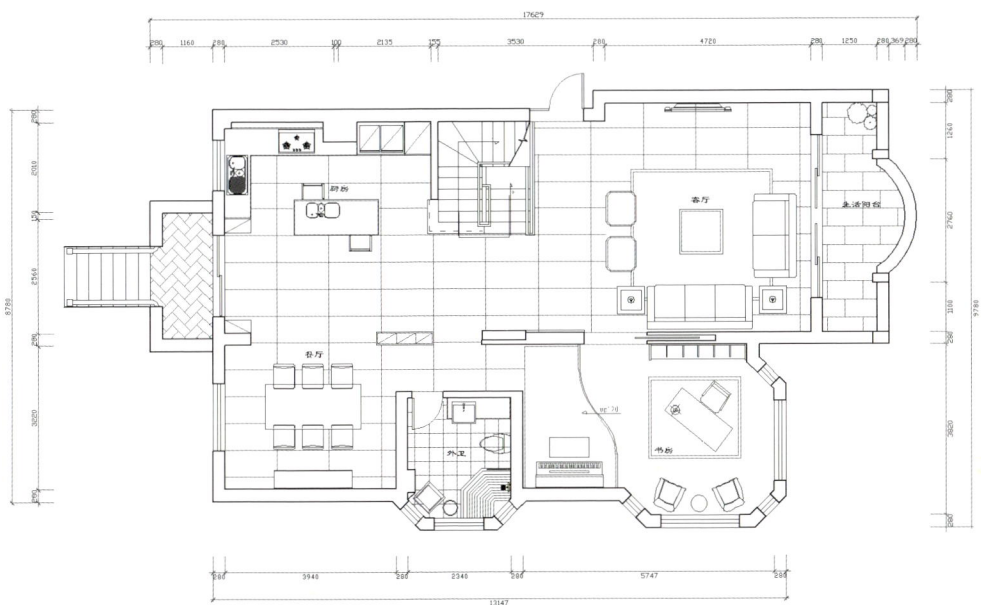

D4_餐厅；
D5_通往二层的楼梯；
D6_卫生间；
D7_浴室

D1_独栋B首层客厅；D2_独栋B首层电梯厅；D3_双拼B+B客厅

37/ 湖光山舍别墅

项目名称：湖光山舍别墅样板房
项目地址：浙江杭州

　　本案采用窗格、浮雕等的中式元素，巧妙利用传统红木家具的木饰色彩的重量感来体现该居室装饰的特色。古香古色的中国传统设计风格，淡雅幽静的环境给人一种清雅含蓄、端庄丰华的东方式精神境界的感受。依据空间的不同功能需求，采用半透明隔断或简约化的博古架来区分空间；在需要隔绝视线的地方，则使用中式的屏风或窗棂，这种手法展现出众所周知的中国传统居室的最大特点——层次之美。室内多次采用对称式的布局方式，整体设计多以直线线条为主，木质家具凸显古朴质感，家居配饰点缀其间活跃了家居气氛，消弱了传统中式风格的沉闷感。简洁大气而又端庄稳健的空间衬托了主人追求修身养性的生活境界。

D1_大厅1；D2_大厅2；D3_双层空间

38/ 上海建德南郊别墅

设计单位：常熟吉恩设计事务所
设计师：宋春吉

本案承传经典大方而豪华，紧贴时代而不失优雅。以大气、奢华、精致为设计主线，复古主义作为其表现手法。利用大空间、高楼层、大采光，使用精致、贵气的手法，使其融入江畔朴实、原始的自然景色中。开阔的视野和绝佳的空间环境让本案犹如一颗夜明珠，设计师在尊重环境、原建筑设计的条件下，采用现代化的设计手法、融合古今，打造出华丽休闲度假别墅，如一杯浓郁的咖啡散发着淡淡的清香。

设计中大量天然石材、木材、文化石的应用，极具考究的家具、艺术品和对空间氛围的营造，表达东方文化的天人合一，达到自然、环境、室内与人内心世界的契合，让业主在静谧与和谐中追求生活的卓越品质。

餐厅从吊顶的设计到地面的圆形地砖图案，给人呈现出和谐统一的整体感，而菱形的烤漆玻璃装饰打破了整个空间的单调。主卧里典型欧陆情结的金色富贵纹饰壁纸附于墙上，搭配做旧风格的装饰画和素色睡床流露出一种淡淡的高贵。

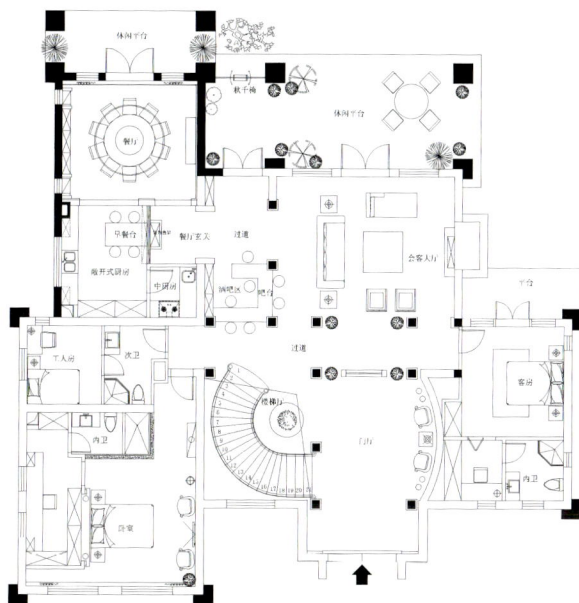

D4_大厅全貌；D5_一层走廊

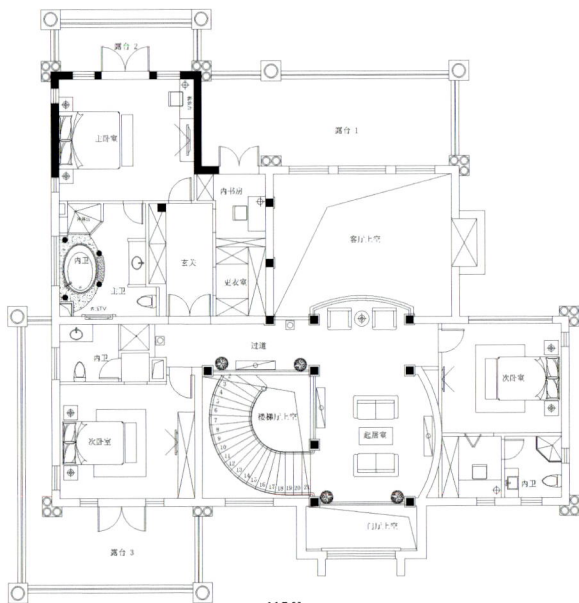

D10_二层楼梯；D11_二层走廊；D12_二层起居室

D1_客厅；D2_餐厅；D3_卧室

39/ 某复式住宅设计

项目名称：某复式住宅设计
项目地址：北京

　　纯白天花，红色家具，灰蓝色地板砖，白色餐椅，黑色餐桌，灰色实木地板，入目所及一切都是黑白灰，弥漫着一种低调且清淡的味道。最简单的色彩组合、最简单的直线条家具与用品，却蕴含主人雅致、从容、沉稳的性格和执着的追求。

D1_客厅吊顶；D2_客厅顶部灯带

40/ 盛天熙园

项目名称：盛天熙园
设计师：闵俊

    本案以现代中式为设计风格，提炼了中式符号语言作为装饰细节。既延续了中国传统文化元素，又保留了现代风格中所推崇的实用功能。将一个雅致、高贵、舒适的环境设计的恰到好处。本案的精髓在于能把各种中式图案、元素通过现代材质表达出来。能把玻璃、茶镜、不锈钢、水晶等现代材质与传统的木皮、红木、石材、中式图案木雕花等传统材料有机地结合起来。红木家具与装饰细节的遥相呼应使空间更显和谐自然。玄关处玻璃雕刻的荷花图案，大气稳重 不但显示出中式图案优美、高贵、雅致的艺术特点，更是彰显了主人高风亮节的情操和追求和谐生活的理想。大厅茶镜上雕刻的祥云图案与悬挂的泼墨牡丹画遥相呼应，令人赏心悦目而又不失温文儒雅。使空间别有一番滋味，带给人无限的遐想... ...

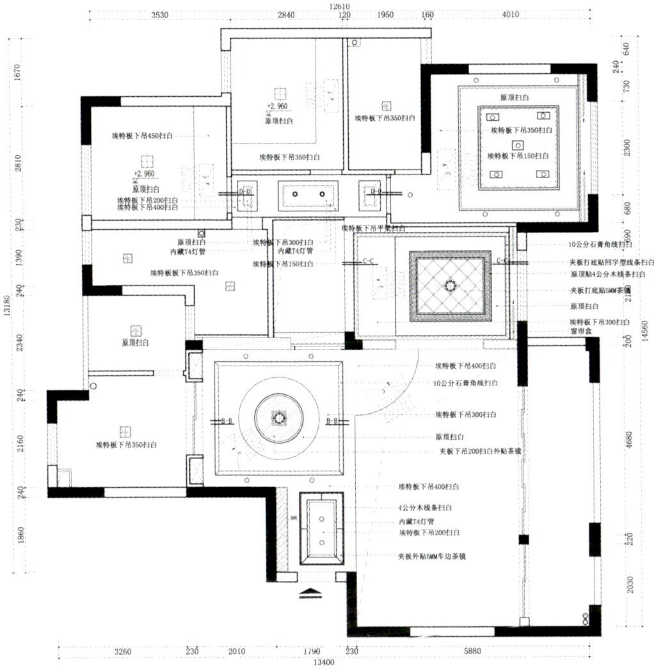
12610
3530
2840
120
1950
160
4010
原顶扫白
埃特板下吊350扫白
埃特板下吊150扫白
+2.960
埃特板下吊450扫白
埃特板下吊200扫白
埃特板下吊400扫白
埃特板下吊平顶扫白
内藏T4灯管
埃特板下吊300扫白
埃特板板下吊350扫白
10公分石膏角线扫白
夹板打底贴回字型线条扫白
原顶贴4公分木线条扫白
夹板打底贴5MM茶镜
埃特板下吊300扫白
窗帘盒
埃特板下吊400扫白
夹板下吊200扫白外贴茶镜
4公分木线条扫白
埃特板下吊200扫白
夹板外贴5MM车边茶镜
B-B
C-C
D-D
13180
14560
3260
230
2010
1790
230
5880
13400

D4_客厅角度2

D5_茶室；D6_餐厅；D7_卧室；D8_书房

D1_客厅；D2_门厅

41/ 盘龙大厦

项目名称：盘龙大厦
设计师：刘英

位于广州市滨江东路的盘龙大厦，地处广州一线江景的传统富商巨贾聚居地，地理条件优越。开发商致力于精品楼盘的开发，项目定位于专属32户高品位尊尚豪宅。

主题概念：稀缺资源，以"收藏"为设计概念。本套样板房装饰风格以"青花"为主题概念，将备受文人喜爱和收藏的青花瓷以全新的角度进行演绎和解读。样板房同时以汝窑的"天青色"——宋徽宗钦定之色，在精神层面上，来营造空间的主题色彩，充分体现了本项目高端定位的同时，也把中国瓷器中的诗情画意、清幽、空灵的精髓表现无疑。客厅主墙面通过元代——黄公望的《富春山居图》，以特种工艺玻璃来呈现山水意境主题，并与珠江水色一天的景致形成呼应。同时把中国瓷器和《富春山居图》中所传递的对美好生活的向往精确的展现出来。将军罐形状的月亮门设计将青花的典型器物形象通过凝练的设计手法加以呈现。在设计理念上秉承传神的提升，摈弃简单的复制，着重于设计语言的提炼，将青花的形体、色彩、意境通过现代装饰材料的演绎，凸显出现代家居中不可多得的脱俗气质和悠远高古的意境。

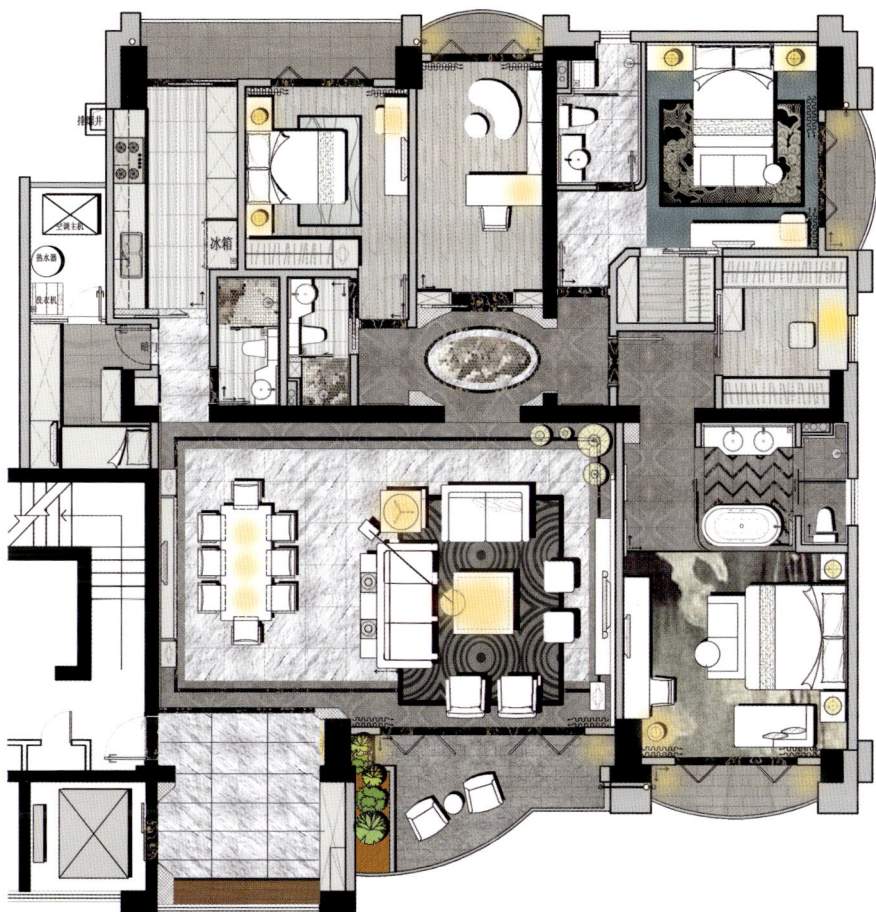

D3_餐厅；D4_卧室1；D5_卧室2；D6_卫生间

D1_客厅；D2_客厅吧台

42/ 明日星洲

项目名称：明日星洲
设计师：施春雪

　　现代风格是近来比较流行的一种风格，追求时尚与潮流，非常注重居室空间的布局与使用功能的结合。这是一套自建别墅，连地下室有四层的空间。面对扰嚷的都市生活，一处能让心灵沉淀的生活空间，是本房业主心中的一份渴望，也是本设计在该方案中所体现的主要思想。因此，主要材质采用了天然的饰面板贴面，天然板材具有自由独特的美感，能给人朴实贴心的感觉，可以避免视觉给人带来的压迫感，缓解业主工作一天的疲惫。

　　本设计做到了以时尚为主要特色，重视室内使用功能，强调室内布置应按功能区分的原则进行，家具布置与空间密切配合。在装饰上把饰面板、地板作为主材料，运用方格花纹的雪弗板作为点缀，给业主带来了想要的时尚宁静的居住条件，使他可以更好的享受生活带来的乐趣。

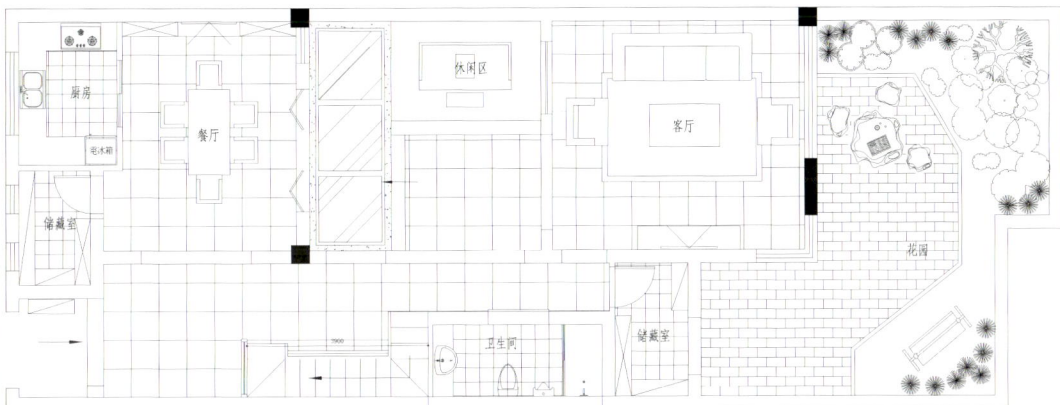

D3_中空部分1；D4_中空部分2；D5_餐厅
D6_通往二层；D7_二层走廊

43/ 蓝湖郡

设计师：伍宁
设计单位：重庆渝彩装饰设计工程有限公司

进口壁布、金箔墙纸。这是一个改造项目，刚装修入住别墅的女主人，非常不满意这个家，如改造前照片。所以她请我们改造这个刚装修好的新家，就像中央台的交换空间一样，能够给她一个完美、漂亮的家。如改造后照片。原客厅和餐厅在一起，没有客厅效果。改造后餐厅移到负一层，客厅就很大气了，还设计了一个石材壁炉电视墙做客厅主体。负一层设计餐厅和小影视厅，可以出到花园，光线和景色都很好。通过几步梯步，可下到地下室书房和娱乐室，原地下室有一间客房，但太潮湿不通风，很不实用，改造后与书房打通，做成娱乐室。业主收房时非常满意和激动，说终于可以住在自己梦想的家里了。

D1_客厅（新古典主义）；D2_餐厅（新古典主义）；D3_卧室（新古典主义）

44/ 抚顺上方 • 半山林溪别墅

项目名称：抚顺上方•半山林溪别墅
设计师：薛春艳

　　本案为抚顺上方•半山林溪别墅2种不同风格的别墅设计，分别是新古典风格和现代风格，设计师从以下几个方面进行设计思考。

　　新古典风格：①元素特征：带有古典主义高贵、庄严的文化特质，比较奢华而言更注重突出体现家居的文化性和优雅气质；②材质特征：多用实木、丝绸、理石；③造型特征：在形式上保留了古典主义中的经典造型，并且不过于繁复和隆重。在受现代审美影响下，造型上更注重装饰的实用性和色调的和谐性；④色彩特征：色彩雅致、含蓄、内敛，又不失活泼。

　　现代风格：①元素特征：在现代生活中的人们会不时的有厌倦感，于是一些人选择摒弃常规，刻意进入到一些冷静、直白的空间去；②材质特征：工业化痕迹随处可见；③造型特征：反常规的设计风格，突出单一元素，渲染个性；④色彩特征：大反差的黑白搭配，材质本身的自然成为色彩元素。

D4_整体效果（现代风格）；D5_客厅（现代风格）；D6_餐厅（现代风格）；D7_卧室（现代风格）

D1_从二楼看客厅（视角1、2）

45/ 现代古典住宅

项目名称：荷香交织在现代与古典空间
设计师：黄志华

　　本案的业主为年龄五十左右的事业有成的女士，厌倦了现在的纷繁复杂的环境，希望找一个宁静的避风港。本案的设计在中国视为高洁的荷花作为女性主题入手，结合业主在中国东方文化的熏染，把最具中国代表的中式元素通过现代的手法演绎出来。

　　在设计上强调荷香的涌动，让人在环境中感受到自在、轻松 、人文的境地，在门、顶、墙面通过抽象、具象的荷花元素来体现这种暗香。楼上、楼下通过穿越时空的流线楼梯连接起来，护拦用极具现代的弧形玻璃配以缅甸花梨的简洁雕刻的扶手形成优美的交响乐。

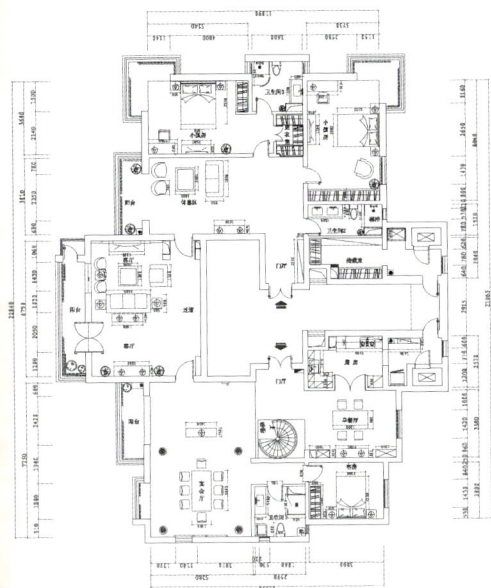

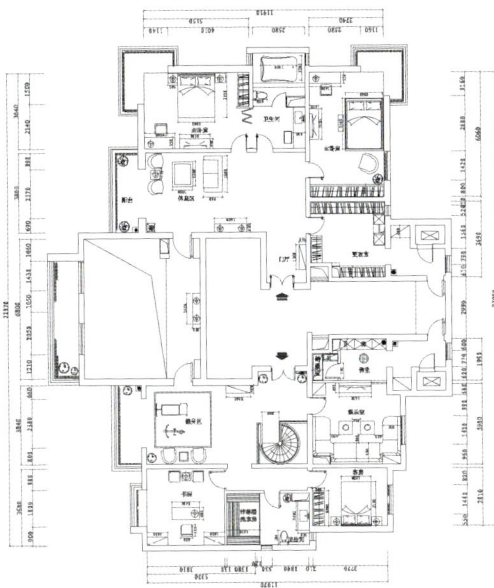

餐厅及走廊；C8 卧室

D1_客厅

46/ 武吉知马公寓

项目名称： 武吉知马公寓
设计师： 张津璨

　　该公寓项目要求设计师营造独特的时尚空间印象，在保持原有户型基本不变的前提下，充分利用照明及陈设等设计手段构筑软环境，通过塑造典型的生活场景，呈现给使用者强烈的视觉艺术感受。

　　设计原则如下：人是居室环境的主体，室内的色彩、风格、材料，应围绕使用者的生活展现自我。而正是人性化的设计使各个要素和谐共处。

D5_餐厅；
D6_厨房；
D7_吧台

47/ 凯悦国际花园

项目地点： 南宁市凯悦国际花园15栋1-1102房
设计主持： 杨峻

    本案例中设计师依据审美情趣及业主生活需求，结合建筑主体基础，营造出一种欧式生活体验空间。采用白色主调，局部配以深色的家私和软装，让空间层次丰富起来。别具风情的古典家具摆设及造型精致唯妙的吧台及餐厅酒柜中红酒与高脚杯的碰撞，使空间不再单调，使生活更具情趣。

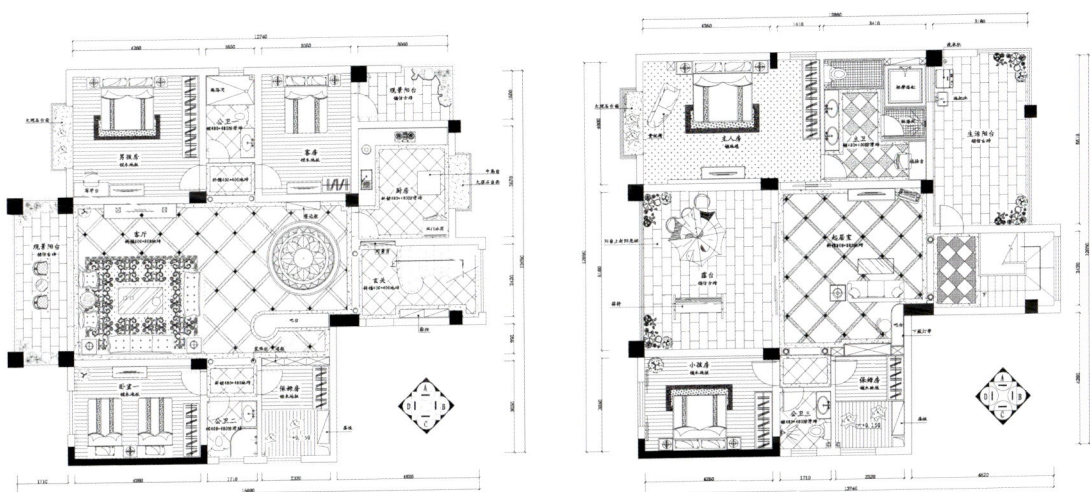

D3_通往二层的走廊；D4_二层起居室；D5_卧室1；D6_卧室

D1_客厅不同角度（1、2、3）

48/【环趣】住宅空间

项目名称：【环趣】住宅空间
设计师：杨少龙

　　本作品引自中国古代"天圆地方"学说理念，以精简、大气、实用为基础，将房间划分为以中间为卧室，四周依次围绕餐厅，客厅，书房，储藏，共五大功能区。以卧室为中心，各功能区前后呼应，首尾相连，隔而不断，可以漫步一圈，趣味十足；并采用书架等多种形式对其空间进行分割，使其具有美观，通透和良好的采光效果；

　　其次，采用多功能家具，以充分利用空间，同时有利于养成一种健康的生活方式。颜色轻快明亮，使人心情愉悦，最终营造一种休闲舒适的生活空间。

D2_小型起居室；
D3_化妆台；
D4_会客区；
D5_小餐桌；
D6_圆床

D1_客厅；D2_书房；D3_厨房

49/ *The house国际花园*

<u>项目名称：The house国际花园</u>
<u>设计师：王立东；设计单位：博洛尼旗舰装饰装修工程（北京）有限公司</u>

　　无论从功能设计、材质搭配、外观处理上，这套方案的设计都十分成熟。本系列总体风格简洁现代，五金的选配兼顾时尚性和耐用性，展现着主人前卫的品味和浪漫的情趣。采用实木单板与实木框线结合的门板，突出厨柜的线条，造型新颖、质感好，体现怀旧风格。

D1_客厅；D2_二层客厅；D3_餐厅；D4_小会客厅

50/ 重庆南湖郡别墅

设计公司：重庆渝彩装饰设计工程有限公司
设计师：伍宁

　　本作品引自中国古代"天圆地方"学说理念，精简，大气，实用为基础，将房间划分为以中间为卧室，四周依次围绕餐厅，客厅，书房，储藏，共五大功能区。以卧室为中心，各功能区前后呼应，首尾相连，隔而不断，可以漫步一圈，趣味十足；并采用书架等多种形式对其空间进行分割，使其具有美观，通透，和良好的采光效果；其次，采用多功能家具，以充分利用空间，同时有利于养成一种健康的生活方式。颜色轻快明亮，使人心情愉悦，最终营造一种休闲舒适的生活空间。

D5_二层客厅；D6_健身房；D7_视听

D1_客厅；D2_餐厅；D3_卧室；D4_卫生间

51/ 融科天城

项目地址：武汉市江岸区融科天城
主要用材：壁纸、马赛克、石材、水晶

　　本案初笔是以两人居住为切入点结合居住者的喜好，在原有客餐厅的基础上添加了酒吧的区域,用马赛克衬托，在这一时尚休闲的区域背景,融入了风水指导,画面点缀出金枝玉叶的寓意,整体色调以黑、白、灰为基调并加入石材、壁纸的家庭装饰元素来体现，总体还是以时尚居住为主。

D1_客厅；D2_浴室；D3_卧室

52/ 宝地东花园A2套型

项目名称： 上海市宝地东花园A2套型样板房项目
设计师： 陶才兵

　　时尚是生活的旋律，艺术沉淀文化的底蕴。设计的灵感就在于自然舒适的回归与质感、心灵的融合。兼具欧式的生活品质和细节，与充溢着时代特征的灵动和大方，两者融汇而契合。

　　低碳，是一个显眼的话题，而追求低碳不仅是在选材与工艺上的环保和谐；同时也通过"低碳"设计手法，精简拖沓而繁琐的浮华装饰，进而以简洁的线条达到设计风格上的神韵。一体的白色与米灰色系为方案的主题色调。布艺帘与卡佐啡大理石地面浑然一体。卫生间的洞石结合极简的台面处理手法，尽显尊贵与睿智。客厅背景和主卧的床头背景选用精致的奶牛皮质硬包，构成居室内的又一亮点。主卧则延续了客厅的烂漫元素。但家具更简约、现代，通过典雅的线条，精致的细节处理，带给人以无尽的质感和视觉放松、回归效果。通过灯光的巧妙处理，赋予居室大方、时尚的归属感。

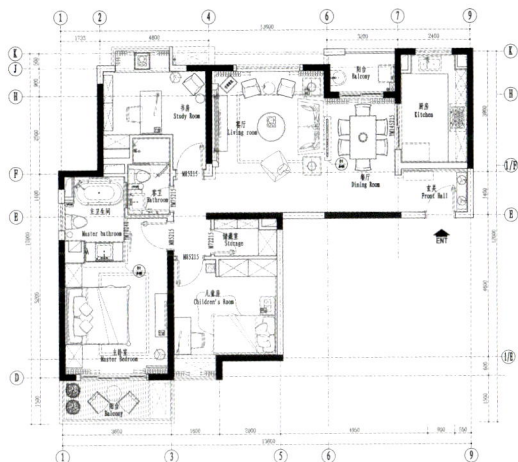

D1_客厅；D2_吧台

53/ 某欧式别墅

项目名称： 某欧式别墅设计
设计师： 周滨

　　一个用灵魂感受空间的设计者，追求空间的平面淡之，富而华之。建筑应该是给出一个结构，而室内设计则是将这个结构更加细化，使它能够更贴近人的生活，用我们的身体和它直接接触，而在这样一种简单的状态下，一个人对空间的诠释只能凭自己的心灵去感受。无论是平淡，喧嚣，抑或是诡异，朦胧，都随着主人的意志发生着变化。

　　本案为某欧式别墅设计，整体风格定位为欧式轻古典。作品在满足使用功能的同时，顶棚的设计是一大特色，每个房间的顶棚在满足功能性的同时，使用了诸多不同的设计手法。客厅的顶棚的分割，使房间顶部层次分明、光线错落有致；餐厅上椭圆形的顶棚充满了趣味；主卧室圆弧形的顶棚，与园床相互呼应。在细部设计上，作品充分的体现了欧式轻古典的设计风格。在色彩上，整体以高贵的浅黄色为主要色调，柔柔地暖暖的。在材质上，整体以木制材料为整个别墅的主要材料。

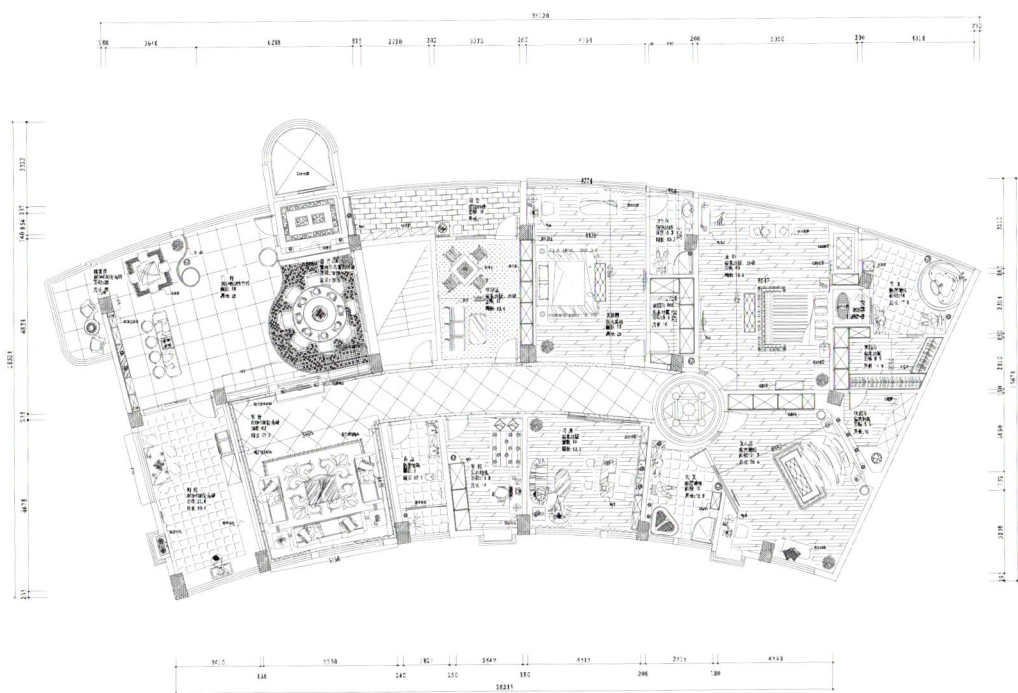

D3_餐厅；D4_活动室；D5_主卧室；D6_次卧室

D1_客厅；D2_餐厅；D3_卫生间；D4_卧室

54/ 上海国顺路17号

项目名称：上海国顺路17号精装修项目
设计师：陶才兵

　　本案运用中、西方文化特性的融合，来诠释新古典主义的追寻达到了极至。同时与东方厚重的文脉元素完美契合，尽显豪门气节。"形散神聚"是本案的主要特点。本案在注重装饰效果的同时，用现代的手法和材质还原古典气质，新古典具备了古典与现代的双重审美效果，完美的结合也让人们在享受物质文明的同时得到了精神上的慰藉。

　　而新古典主义之雅韵在于传统回归的精髓，通过精心、细腻的雕琢，使空间更合理、尺度更人性、空间趋于完美。在体现客厅端庄、尊贵的同时，也从更深层次塑造了本案的艺术、经典和唯美的气质。力求体现一种 "古典而时尚，高雅而通俗"的空间气质。用简化的手法、现代的材料和加工技术去追求传统式样的大致轮廓特点。用陈设品来增强历史文脉特色，往往会照搬古典设施、家具及陈设品来烘托室内环境气氛。

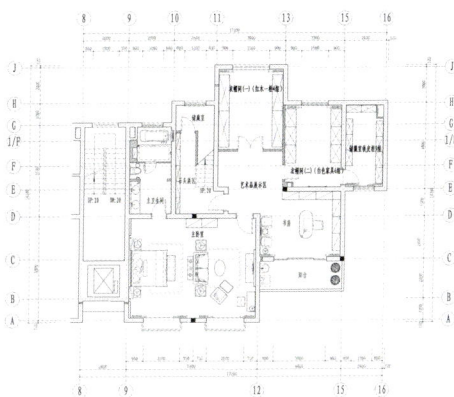

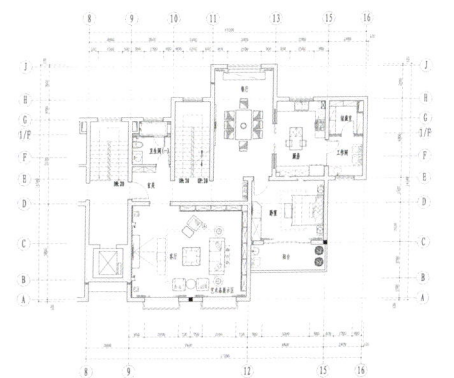

D1_客厅；D2_从客厅看餐厅；D3_餐厅

55/ 一莲幽梦

设计单位：常熟吉恩设计事务所
设计师：宋春吉

　　"清风微吹莲漪漪，笑隔荷花令人怡"微风轻轻吹起这南方幽幽的荷叶，静静地荡漾着。这一切显得如此惬意如此静娴。这是也许是对家的一种诠释，也许是一种心灵的一叶港湾。

　　在这个快节奏的社会快节奏的城市哪里能够找到一个这样如此清新的港湾让心静下呢？业主——一对年轻的夫妻，思想前卫，崇尚设计，钟情简约。设计师由莲遐想，在现代设计中大胆的渗入中国人特有的审美观点，以黑白灰为基调。整个作品显得简约而含蓄文静而有内涵。设计师突破了传统在现代设计中对于新材料的大肆应用，在这里他对于现代有着更为深刻的解释。深色的木纹配合着现代感尤强的玻璃，凹凸的墙纸配合着木色的壁灯，浅色的沙发与座椅配合着木色的家具几株绿植几本杂志几抹手绘再加上几幅精巧的小画，犹如一份精美的菜肴，现代感韵味十足。在这里你看不到纷杂的装饰繁复的线条，一切都显得那样洗练那样干脆。正如江南水乡的那株幽莲散发着淡淡的君子之气，沁人心脾……

D1_门厅；D2_客厅；D3_餐厅；D4_书房

56/ 肇庆市星湖奥园样板房

项目名称：肇庆市星湖奥园样板房
设计师：罗照辉；设计单位：肇庆市大禾设计装饰工程有限公司

　　星湖奥园位于国家4A级旅游风景区——肇庆七星岩度假区。向东眺望星湖，湖天一色，山影葱翠，就像一幅构图精美的中国画。得天独厚的地理处置，使它成为珠三角和本地成功人士首选家居或度假高档社区。

　　本样板房采用简约欧式"新古典主义"的演绎手法，在色调上大胆使用以白色为主的色块来体现空间的宽敞，同时又使用一些不失沉稳的深色色块融合在其中，使空间明暗层次更加丰富。样板房在注重观赏的同时也兼顾了实用性和功能性。在过厅处用精挑细选的雅士白做成壁炉造型，同时也是一个鞋柜；在客厅转角处，设计师用镜子拓宽了视野；书房与过厅之间用一扇精美欧式通花移动门做隔断，增强了书房与客厅之间的空间流动性。整个居室有的不只是典雅和高贵，更多的是惬意和浪漫。通过设计师完美的搭配，精益求精的细节处理，去繁就简，带给人不尽的舒适和享受。

57/ 檀宫样板房

项目名称： 檀宫样板房
设计师： 朱斌

　　檀宫样板房位于上海市虹桥路西郊宾馆的西侧，东临青溪路，南靠可乐路；西临林泉路，北靠淮阴路。小区离虹桥路交通主干道仅800米，交通十分便捷。檀宫建筑富含8种风格，8种房型，组合衍生成18种完全不同的建筑个性。檀宫总占地面积47,385平方米，仅建18幢建筑，每幢建筑面积1500-1800平方米左右，占地面积2500（4亩）平方米左右。

　　本案是该楼盘样板房之一，面积达到1480平方米，工程造价1575万元，本案的定位较高，主要面向境外和国内高端客户，装饰设计细节更加体现人性化，对装修效果进行了艺术深化以及国际人文氛围精心打造，更加提升了建筑品质。本顶级住宅装饰项目，更为重要的是对住宅科技集成已臻于完美，通过高科技手段对生活潮流进行了深入的探索，室内温度、空气清新度、室内清洁、声音、电源控制、电梯的智能调节，甚至远程控制以及阳光导入系统、智能灯光引导等，传达了颠覆传统生活的单调模式。檀宫以其经典的设计、独到而高级的材料、超豪华的品质，近年来被誉为"中国第一豪宅"。

D1_外景；D2_客厅

58/ 启东市申港城

项目名称：启东市申港城
设计单位：上海筑品建筑设计装饰工程有限责任公司

本项目中"99盎司"是站起来的联排别墅，即联排别墅是99套，盎司是黄金的重量单位。意义就是这种联排别墅非常稀缺，产品的品质像黄金一样值得大家去收藏和投资。另外产品在设计上非常有特色。

首先是继承了传统别墅层层退台，把空间直立起来的风格，让建筑拥有音乐的节奏，让居住者拥有君临天下的气度；其次是设计师把书房单独直立起来，举在空中让修身的场所不再有任何干扰；最后是有些窗户不再一律在眼睛的对面，而是在你的头顶上，产生前所未有的垂直采光，"聚光灯"下的你就是生活的主角。

D4_餐厅；D5_卧室

D1_客厅；D2_餐厅

59/ 某现代中式住宅

项目名称：某现代中式风格
设计师：葛淇

　　现代中式是这次设计的风格，用纯粹的白色，纯粹的蓝色，和传统中式的符号相结合，让整个空间充满了别样风情，在这个空间之中，能让人沉浸于自己关于中式的不同理解和想象之中，是灰色的烟树里的人家，是红色落日下的老树，是半梦半醒之间那一抹幽蓝中，或宁静或喧闹的江南人家……

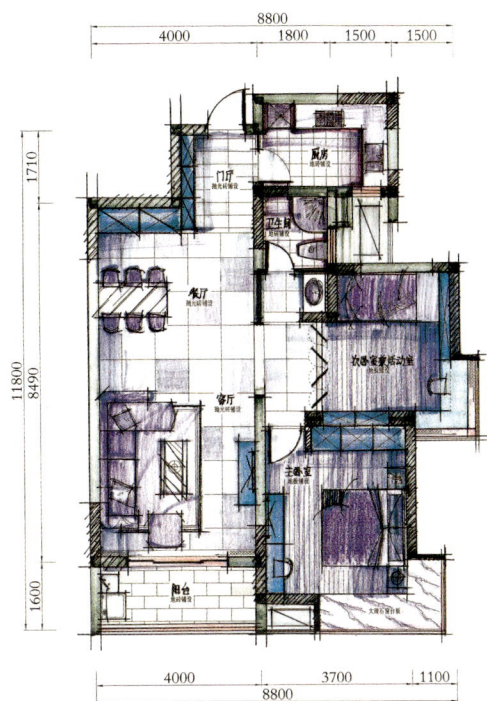

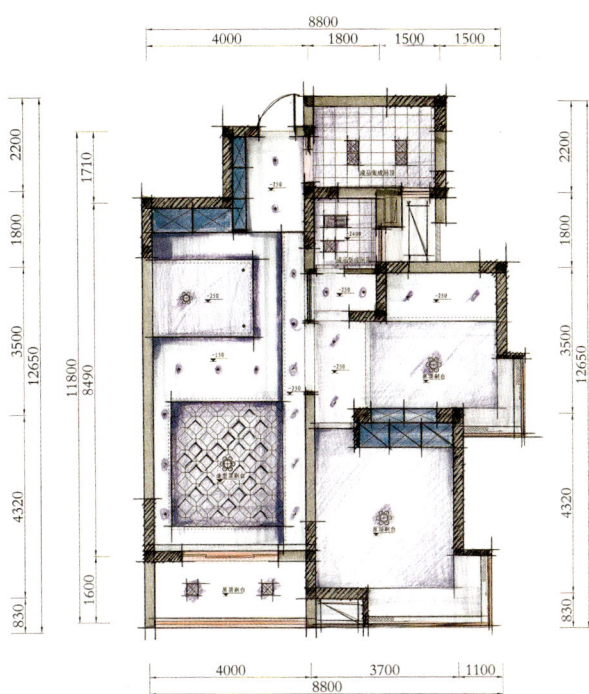

6o/ 某现代欧式住宅

项目名称：某现代欧式住宅
设计师：陶丽萍

　　本案将风格定位为美式加州风情，造型经典的深褐色墙板，舒展且人性化的平面布局，使空间整体氛围亲切热烈。客厅的高贵沉稳，主卧的浪漫怡人，餐厅区的轻松生动,一场异域风情的视觉盛宴悄然揭幕。本案倡导回归自然的生活方式，设计上具有务实、规范、成熟的特点。材料选择上多倾向于硬质、光挺、华丽的天然橡木、石材、铁艺栏杆等。餐厅与厨房相连，厨房的面积较大，操作方便、功能强大，餐桌旁边设有便餐区。该厨房的多功能还体现在家庭内部的人际交流方面，这两个区域会同起居室连成一个大区域，成为家庭交流的重心。根据业主自身的要求和特点，二层布置了卧房，书房。地下一层提供了休闲娱乐室、多功能室等空间，以满足家庭成员多样化的要求。卫生间的设计也同样注重功能，安全方便是首要考虑的因素。

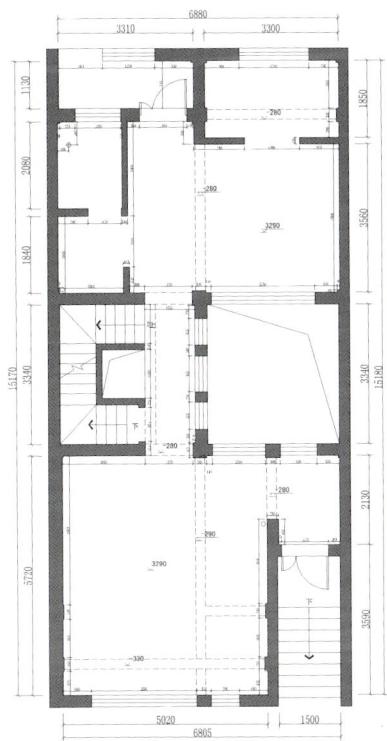

一层原始结构图

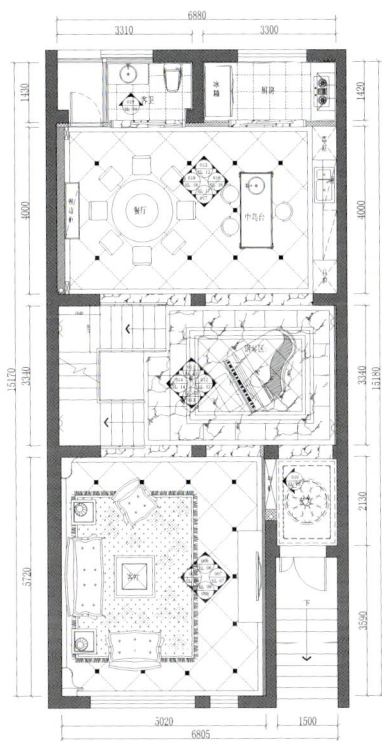

一层平面布置图

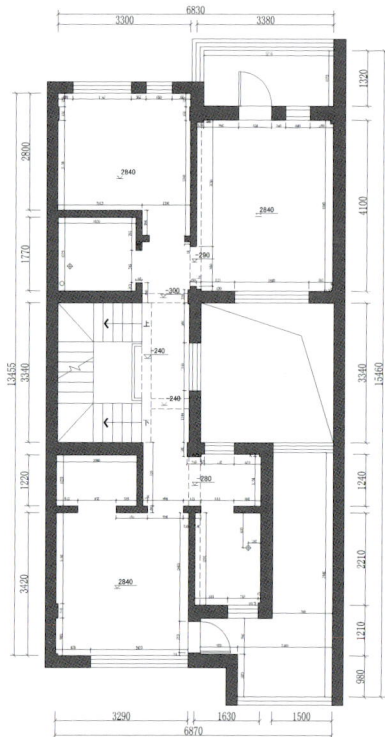

二层原始结构图

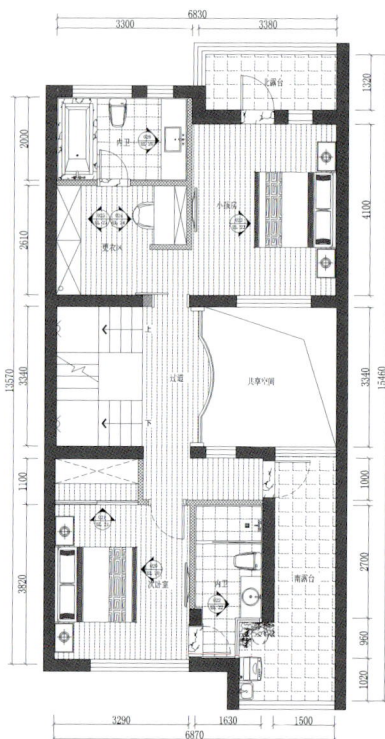

二层平面布置图

D3_餐厅；D4_卧室

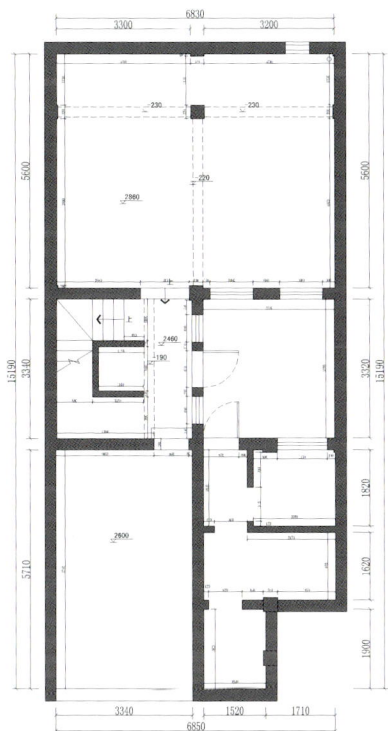

地下室原始结构

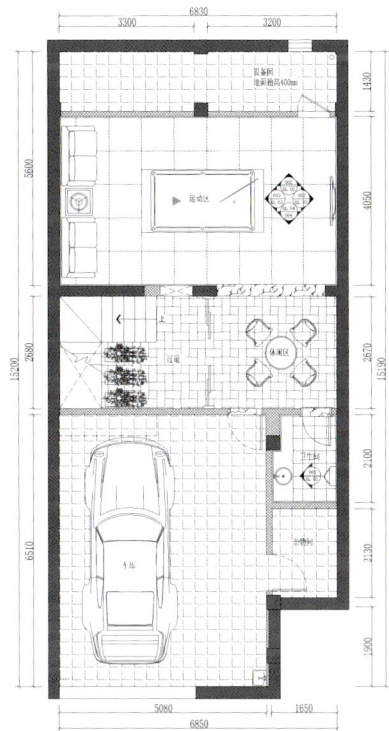

地下室平面布置

意丰德行(EFD)国际室内设计有限公司

　　意丰德行(香港EFD)国际室内设计是由国内外著名的设计师组建，专业从事建筑规划、室内外设计、景观规划、创意品牌系统化设计咨询和设计服务的国际化团队。

　　EFD采用最新的战略设计理念，代表着新锐设计师力量，引领行业前沿，引进国际领先的设计方法与设计管理系统。

　　EFD致力于专业设计与教学研究，打破传统设计观念，对相关设计领域进行跨界整合，创新的室内设计驱动与设计系统化，重塑设计流程。

　　EFD关注国际设计发展趋势，人文价值观以及设计所承载的社会责任。

　　EFD倡导设计的个性与本真，树立设计师个人品牌，严格执业操守，同时寻求国际强势设计团队合作。

　　EFD立足中国的民族文化，以创意为中心，以专业为本，崇尚自然 、注重文化、突出个性。

　　EFD建立与国内外各领域的跨界合作带来与国际设计大师零距离对话。激活设计的地域特质、人文特质、发挥设计的原创性。

意丰德行EFD品牌创意中心：

　　意丰德行在做好室内创意设计的同时，投资成立由卢银銮主持的EFD品牌创意中心，立足中国市场结合中华文化之瑰宝，激活创意与智慧；对地域文化与优质资源进行深层调研、颠覆传统品牌路线，积极创新提高市场竞争力，使得民族品牌接轨国际形象。在经济全球化的当下，树民族品牌形象于世界之林。意丰德行整合优化创意投资环境，主动开发系列文化创意品牌，对其研发和投资。变创意为价值，变无形为有形，变无法为有法，变创意为财富，行创意资本之路……

許業武

意丰德行（EFD）品牌创始人执行董事
意大利米兰理工大学室内设计管理硕士
2004全国百名优秀室内建筑师
2006年南京市共青团市委授予"南京市新长征突击手称呼"
2008年中国十大样板房设计师50强称号
2010年-2011年度十大最具影响力设计机构

創意惠豐　德行天下